高职高专环境设计专业校企合作规划教材

U0290034

Interior Design

室内设计

主编 徐学敏

副主编 吴 迪 黄 诚

辽宁美术出版社

图书在版编目（CIP）数据

室内设计 / 徐学敏主编 . —沈阳：辽宁美术出版

社，2021.12

高职高专环境设计专业校企合作规划教材

ISBN 978-7-5314-8982-5

Ⅰ．①室… Ⅱ．①徐… Ⅲ．①室内装饰设计－高等职

业教育－教材 Ⅳ．①TU238.2

中国版本图书馆CIP数据核字（2021）第072758号

出 版 者：辽宁美术出版社

地　　址：沈阳市和平区民族北街29号　邮编：110001

发 行 者：辽宁美术出版社

印 刷 者：沈阳博雅润来印刷有限公司

开　　本：889mm×1194mm　1/16

印　　张：7.25

字　　数：248千字

出版时间：2021年12月第1版

印刷时间：2021年12月第1次印刷

责任编辑：吴　绰

封面设计：唐　娜　卢佳慧

责任校对：满　媛

书　　号：ISBN 978-7-5314-8982-5

定　　价：48.00元

邮购部电话：024-83833008

E-mail：lnmscbs@163.com

http://www.lnmscbs.cn

图书如有印装质量问题请与出版部联系调换

出版部电话：024-23835227

序　言

　　任何时候，教材建设都是高等院校学术活动的重要组成部分。教材作为教学过程中传授教学内容、帮助学生掌握知识要领的工具，具有传递经验和重构知识体系的双重使命。近年来，新科技、新材料的变革，促使设计领域高速发展，内容与形式不断创新，这就要求与设计行业、产业关联更为紧密的高等职业教育要更加注重科学性、系统性、发展性，对于教材中知识更新的要求也更加迫切。

　　上海工艺美术职业学院作为国家首批示范校之一，2015年开始将室内设计、公共艺术设计、环境设计整合重构，建立围绕空间设计的专业群；紧密联合国内一流设计企业和相关行业协会，开展现代学徒制，建立以产业链上岗位群的能力为核心的"大类培养，分层教育"的人才培养模式。此次组织编写的系列教材正是本轮教学改革的阶段性成果，力求做到原理与应用相结合、创意与技术相结合、分解与综合相结合，打破原有专业界限，从大环艺的角度，以美术、建筑、新媒体等多学科视角解读空间设计语言，培养宽口径、精技能的实践型设计人才。

　　教材编写过程中得到上海市装饰装修行业协会、江苏省室内装饰协会、上海全筑建筑装饰集团股份有限公司、上海上房园艺有限公司及深圳骄阳数字有限公司等数十家行业协会、企业的指导与支持，感谢他们在设计教育过程中的辛勤付出。

　　最后，我们也应牢记，教材的完成只是一个阶段的记录，它不是过往经验的总结和一劳永逸的结果，而应是对教学改革新探索的开始。

上海工艺美术职业学院院长　教授

仓平

前　言

　　室内设计作为室内装饰专业的核心课程，对其从入门到精通是专业知识汲取及项目实践训练持续累积的过程，贯穿了整个高职室内设计专业的教学。学生即使从学校毕业，步入社会后，仍需要花费相当长的时间积累经验才能成长为一名合格的室内设计师。

　　对于室内设计专业的新生，其所需要学习的知识多且门类复杂，诸多高校亦围绕初学者开设各类相关课程，如构成学、人机工程学、建筑基础等。但消化好所学的每一门课程并将它们运用到室内设计的项目实践中去，以及弄明白课程之间的相互关系，长久以来是决定室内设计专业新生知识消化吸收、项目理解、实践上手速度的关键因素。编写《室内设计》教材便是基于这个问题，以室内设计的项目实践为导向，将色彩及空间构成、人机尺度、建筑基础等理论知识所对应室内设计部分的基础应用的方法和内容呈现出来，让基础理论课程与室内项目实践之间有了过渡与承接，使学生更加清晰地了解理论课程的知识主次结构以及实践运用方法。同时通过将理论及技术知识在室内设计项目中的综合运用，让学生初步掌握室内设计项目实践的过程及方法，对室内设计的过程、空间处理、材料特性及技术绘图等方面有初步的认知，对于初期的项目实践更加有信心。

　　《室内设计》教材作为室内设计新生入门的必备知识技能教科书，限于篇幅、课时及课程性质等原因，无法实现字典工具书般的面面俱到。其中知识点以重点内容为立足点，在授课过程中，亦需结合实际项目情况进行相关知识及方法的延伸。本教材在编写过程中，汇聚了诸多同仁夜以继日的辛勤努力，特别感谢环境艺术学院李刚院长的指导与支持。时间紧迫，内容难免有欠妥及疏漏之处，热忱欢迎广大室内设计专业的师生、行业专家提出宝贵意见，以便再版时修正和完善。

徐学敏

2020年5月

目　录

第一章　绪论

第一章 绪论

人的一生，绝大部分时间是在室内度过的，因此，人们设计创造的室内环境，必然会直接关系到室内生活、生产活动的质量，以及人们的安全、健康、效率、舒适等。室内环境的创造，应该把保障安全和有利于人们的身心健康作为室内设计的前提。人们对于室内环境除了有使用安排、冷暖光照等物质功能方面的要求之外，还常有与建筑物的类型、性格相适应的室内环境氛围、风格文脉等精神功能方面的要求。

由于人们长时间活动于室内，因此现代室内设计，或称室内环境设计，相对地是环境设计系列中和人们关系最为密切的环节。室内设计的总体面貌，包括艺术风格，从宏观来看，往往能从一个侧面反映相应时期社会物质和精神生活的特征。由于室内设计从设计构思、施工工艺、装饰材料到内部设施，必须和社会当下的物质生产水平、社会文化和精神生活状况联系在一起，所以随着社会发展的室内设计具有时代的印记，犹如一部无字的史书。在室内空间组织、平面布局和装饰处理等方面，室内设计还和当下的哲学思想、美学观点、社会经济、民俗民风等密切相关。从微观的、个别的作品来看，室内设计水平的高低、质量的优劣又与设计者的专业素质和文化艺术素养等联系在一起。各个单项设计最终实施后的成果与该项工程具体的施工技术、用材质量、设施配置情况以及与建设者的协调关系密切相关，即设计对于室内空间装饰具有决定性意义。

第一节 室内设计的含义

一、室内设计的定义

室内设计是根据建筑物的使用性质、所处环境和相应标准，运用物质技术手段和建筑美学原理，创造功能合理、舒适优美、满足人们物质和精神生活需要的室内环境。这一空间环境既具有使用价值，满足相应的功能要求，同时也反映了历史文脉、建筑风格、环境气氛等精神因素。上述含义中，明确地把"创造满足人们物质和精神生活需要的室内环境"作为室内设计的目的，即以人为本，一切围绕为人的生活、生产活动创造美好的室内环境。

同时，室内设计中，从整体上把握设计对象的依据因素则是：

使用性质——为何种功能设计建筑物和室内空间；

所在场所——这一建筑物和室内空间的周围环境状况；

经济投入——相应工程项目的投资和造价标准的控制。

二、室内设计的学科性质

设计构思时，需要运用物质技术手段，即各类装饰材料和设施设备等，还需要遵循建筑美学原理。室内设计的艺术性，除了与绘画、雕塑等艺术之间共通的美学法则之外，其需遵循的空间"建筑美学"，更需要综合考虑使用功能、结构施工、材料设备、造价标准等多种因素。建筑美学总是和实用、技术、经济等因素联结在一起，这是它区别于绘画、雕塑等纯艺术的差异所在。现代室内设计所涉及的内容除了很强的艺术性的要求以外，还要具备很高的技术含量，并且与一些新兴学科，如人体工程学、环境心理学、环境物理学等关系极为密切。现代室内设计已经在环境设计中发展成为独立的新兴学科。

三、室内设计的内容范畴

室内装饰或装潢、室内装修、室内设计，是几个通常为人们所认同的，但内在含义实际上是有所区别的词语。"室内装饰或装潢"，其中装饰和装潢原意是指"器物或商品外表"的"修饰"，是着重从外表的、视觉艺术的角度来探讨和研究问题。例如对室内地面、墙面、顶棚等各界面的处理，装饰材料的选用，也可能包括对家具、灯具、陈设和小品的选用、配置和设计。"室内装修"英译"interior finishing"一词有最终完成的含义，着重于工程技术、施工工艺和构造做法等方面，顾名思义，主要是指土建施工完成之后，对室内各个界面、门窗、隔断等最终的装修工程，倾向工程的内容。"室内设计"在当下是综合的室内环境设计，它既包括视觉环境和工程技术方面的问题，也包括声、光、热等物理环境以及氛围、意境等心理环境和文化内涵等内容。

第二节　室内设计的特点

室内设计与建筑设计之间的关系极为密切，相互渗透，通常建筑设计是室内设计的前提，正如城市规划和城市设计是建筑单体设计的前提一样。室内设计与建筑设计有许多共同点，即都要考虑物质功能和精神功能的要求，都要遵循建筑美学的原理，都受物质技术和经济条件的制约等。室内设计作为一门相对独立的新兴学科，还有以下几个特点。

一、对人们身心的影响更为直接和密切

由于人的一生中绝大部分时间是在室内度过，因此室内环境必然直接影响到人们的安全、卫生、效率和舒适。室内空间的大小和形状，室内界面的线形图案等，都会给人们生理上、心理上带来长时间、近距离的感受。人们可以接触和触摸到室内的家具、设备以及墙面、地面等界面，因此很自然地对室内设计要求更为深入细致，更为缜密。设计者要更多地从有利于人们身心健康和舒适的角度去考虑，还要从有利于丰富人们的精神文化生活的角度去考虑。

二、对室内环境的构成因素考虑更为周密

室内设计对构成室内光环境和视觉环境的采光和照明、色调和色彩配置、材料质地和纹理，对室内热环境中的温度、相对湿度和气流，对室内声环境中的隔声、吸声和噪声背景等的考虑，这些构成因素大部分在现代室内设计中需要有定量的标准。

三、集中、细致、深刻地反映了设计美学

室内设计体现了设计美学中的空间形体美、功能技术美、装饰工艺美。如果说，建筑设计主要以外部形体和内部空间给人们以建筑艺术的感受，那么室内设计则以室内空间、界面线形以及室内家具、灯具、设备等内含物的综合，给人们以室内环境艺术的感受，因此室内设计与装饰艺术、工业设计的关系也极为密切。

四、室内功能的变化、材料和设备的老化与更新更为突出

比之建筑设计，室内设计与时间因素的关联更为紧密，其更新周期趋短，更新节奏趋快。在室内设计领域里，可能更需要引入"动态设计""潜伏设计"等新的设计观念，认真考虑因时间因素引起的平面布局、界面构造与装饰以及施工方法、选用材料等一系列相应的问题。

五、具有较高的科技含量和附加值

现代室内设计所创造的新型室内环境，往往在电脑控制、自动化、智能化等方面具有新的要求，从而使室内设施设备、电器通信、新型装饰材料和五金配件等都具有较高的科技含量，如智能大楼、能源自给住宅、电脑控制住宅等。科技含量的增加，也使现代室内设计及其产品整体的附加值同步增加。

第三节　室内设计的基本要义

现代室内设计，从满足现代功能、符合时代精神的要求出发，强调需要确立下述的一些基本要义。

一、以满足人和人际活动的需要为核心

室内设计的目的是通过创造室内空间环境为人服务，设计者始终需要把人对室内环境的要求，包括物质使用和精神享受两方面，放在设计的首位。由于设计的过程中矛盾错综复杂，问题千头万绪，设计者需要将以人为本、为人服务、确保人们的安全和身心健康、满足人和人际活动的需要作为设计的核心。现代室内设计需要满足人们的生理、心理等要求，需要综合处理人与环境、人际交往等多项关系，需要在为人服务的前提下，综合解决使用功能、经济效益、舒适美观、环境氛围等各项要素。设计及实施的过程中还会涉及材料、设备、定额规定以及与施工管理的协调等诸多问题。可以认为现代室内设计是一项综合性极强的系统工程，但现代室内设计的出发点和归宿始终是为人和人际活动服务。

二、环境整体观的重要性

目前存在于室内设计行业的主要问题之一表现为设计者的环境整体和建筑功能意识薄弱。对所设计室内空间内外环境的特点，对所在建筑的使用功能、类型性格考虑不够，容易把室内设计孤立地、封闭地对待。现代室内设计的立意、构思，室内风格和环境氛围的创造，需要着眼于对环境的考虑。现代室内设计，从整体观念上来理解，应该看成是环境设计系列中的"链中一环"。室内设计的"内"和室外环境的"外"，可以说是一对相辅相成、辩证统一的矛盾，正是为了更深入地做好室内设计，就愈加需要对环境整体有足够的了解和分析，着手于室内并着眼于"室外"。当前室内设计的弊病之一即相互类同，很少有创新和个性，对环境整体缺乏必要的了解和研究，从而使设计的依据缺乏深度解析，设计构思局限且封闭。忽视环境与室内设计关系的分析是重要的原因之一。把室内设计看成是"自然环境—城乡环境—社区街坊—建筑室外环境—室内环境"一个完整的环境有机链的一个组成环节，它们相互之间有许多前因后果，或相互制约和提示的因素存在。环境整体意识薄弱，很容易就事论事，"关起门来做设计"，使创作的室内设计缺乏深度和内涵。当然，使用性质不同、功能特点各异的设计任务，相应地与环境系列中各项内容联系的紧密程度也有所不同。但是，从人们对室内环境的物质和精神两方面的综合感受说来，仍然应该强调对环境整体予以充分重视。

三、室内设计的创新精神

室内设计固然可以借鉴国内外传统和当今已有的设计成果，但不应是简单的"抄袭"，或不顾环境和建筑类型性格的"套用"，现代室内设计理应倡导结合时代精神的创新。21世纪是一个经济、信息、科技、文化等各方面高速发展的时期，人们对社会的物质生活和精神生活不断提出新的要求，相应地人们对自身所处的生产、生活环境的质量也必将提出更高的要求。怎样才能创造出安全、健康、实用、美观、能满足现代室内综合要求、具有文化内涵的室内环境，这就需要我们从实践到理论认真学习、钻研和探索这一新兴学科中的规律性和许多问题。

第四节　室内设计面临的问题

一、对大量性、生产性建筑的室内设计有所忽视

当前设计者和施工人员对旅游宾馆、大型商场、高级餐厅等的室内设计比较重视，相对地对涉及大多数人使用的大量性建筑，如学校、幼儿园、诊所、社区生活服务设施等的室内设计重视研究不够，对职工集体宿舍、大量性住宅以及各类生产性建筑的室内设计也有所忽视。

二、对技术、经济、管理、法规等问题注意不够

现代室内设计与结构、构造、设备材料、施工工艺等因素结合非常紧密，科技含量日益增高，设计者除了应有必要的建筑艺术修养外，还必须认真学习和了解现代建筑装修的技术与工艺等有关内容；同时，应加强室内设计与建筑装饰中有关法规的完善与执行，如工程项目管理法、合同法、招投标法以及消防、卫生防疫、环保、工程监理、设计定额指标等各项有关法规。

三、设计师的职业道德有所欠缺

设计师是装饰行业的灵魂，设计师会与客户做充分的沟通，并以客户居家的种种需要为前提，做最详细、完整的空间设计规划，选择好设计师是空间装饰成功的第一步。如今竞争日益激烈的室内设计行业需要设计师首先以真情对待客户，充满激情地与客户沟通设计思路；其次具备较强的专业技能，熟知工艺做法和材料价格，为客户做出实事求是的报价；另外过程中能密切关注工程的进展，随时满足客户的合理要求。设计师本着满足客户需要的理念，以符合客户的品位与需求为主，使整体设计风格温馨、高雅，以简洁有力的造型，使空间单纯而不失大方。一般消费者比较注重装修前与设计师的沟通，认为设计师就是在施工前起作用，其实施工中和施工后设计师的服务更重要。这将影响设计是否能不走样地变成现实，以及最后配饰的整体风格是否统一等问题。

第五节　室内设计的发展历程

现代室内设计作为一门新兴的学科，尽管还只是近些年的事，但是人们有意识地对自己生活、生产活动的室内进行安排布置，甚至美化装饰，赋予室内环境恰当的气氛，却早已从人类文明伊始就存在了。

一、国内室内设计的发展

早在原始社会时期，西安半坡村的方形、圆形住宅，已考虑按使用需要将室内做出分隔，使入口和火炕的位置布局合理。方形居住空间近门的火炕安排有进风的浅槽，圆形居住空间入口处两侧，也设置起引导气流作用的短墙。在原始氏族社会的居室里，已经有人工做成的平整光洁的石灰质地面；新石器时代的居室遗址里，还留有修饰精细、坚硬美观的红色烧土地面；即使是原始人穴居的洞窟里，壁面上也已绘有兽形和围猎的图形。也就是说，在人类建筑活动的初始阶段，人们就已经开始对"使用和氛围""物质和精神"两方面的功能同时给予关注。（图1-1、图1-2）

出土遗址显示，商朝的宫室建筑空间秩序井然，严谨规整，宫室里装饰着朱彩木料，雕饰白石，柱下置有云雷纹的铜盘。及至秦时的阿房宫和西汉的未央宫，虽然宫室建筑已荡然无存，但从文献的记载、出土的瓦当、器皿等实物的制作，以及墓室石刻精美的窗棂、栏杆的装饰纹样来看，毋庸置疑，当时的室内装饰已经相

图1-1　西安半坡村方形住宅模型

图1-2　西安半坡村圆形住宅样态

当精细和华丽。春秋时期思想家老子在《道德经》中提出："凿户牖以为室，当其无，有室之用。故有之以为利，无之以为用。"其形象生动地论述了"有"与"无"、围护与空间的辩证关系，也揭示了室内空间的围合、组织和利用是建筑室内设计的核心问题。同时，从老子朴素的辩证法思想来看，"有"与"无"也是相互依存、不可分割对待的。

室内设计与建筑装饰紧密地联系在一起，自古以来建筑装饰纹样的运用，也正说

图1-5 上海里弄住宅

图1-3 北京四合院模型

明人们对生活环境、精神功能方面的需求。在历代的文献如《考工记》《梓人传》《营造法式》以及《园冶》中，均有涉及室内设计的内容。我国各类民居，如北京的四合院、四川的山地住宅、云南的"一颗印"、傣族的干栏式住宅以及上海的里弄建筑等，在体现地域文化的建筑形体和室内空间组织、建筑装饰的设计与制作等许多方面，都有极为宝贵、可供我们借鉴的成果。（图1-3～图1-5）

我国现代室内设计，虽然早在20世纪50年代北京人民大会堂等十大建筑工程建设时已经起步，但是室内设计和装饰行业的大范围兴起和发展，还是近十多年的事。由于改革开放，从旅游建筑、商业建筑开始，及至办公、金融和涉及千家万户的居住建筑，在室内设计和建筑装饰方面都有了蓬勃的发展。1990年前后，我国相继成立了中国建筑装饰协会和中国室内建筑师学会，在众多的艺术院校和理工科院校里相继成立了室内设计专业。1995年8月建设部颁发了《建筑装饰装修管理规定》，20世纪末至21世纪初期房地产行业蓬勃发展，且随着新材料新技术的涌现，这一阶段我国室内设计水平得到飞速提升，大批知名室内设计师由此诞生。随着人们生活水平的提高，室内环境的健康问题日益为大众所关注，以环保及可持续发展为指引的室内设计成为当下的重要发展方向。

二、国外室内设计的发展

公元前古埃及贵族宅邸遗址中的抹灰墙上绘有彩色竖直条纹，地上铺有草编织物，配有各类家具和生活用品。古埃及卡纳克的阿

图1-4 云南"一颗印"民宅

图1-6　罗马万神庙室内空间

图1-7　哥特式典范：米兰大教堂

图1-8　巴洛克典范：圣彼得大教堂

1-9　洛可可典范：圣加仑修道院图书馆大厅

蒙神庙，庙前雕塑及庙内石柱的装饰纹样极为精美，神庙大柱厅内硕大的石柱群和极为压抑的厅内空间，正符合古埃及神庙所需的森严神秘的室内氛围，是神庙的精神功能所需要的。古希腊和古罗马在建筑艺术和室内装饰方面已发展到很高的水平。古希腊雅典卫城帕特农神庙的柱廊，起到室内外空间过渡的作用，精心推敲的尺度、比例和石材性能的合理运用，形成了梁、柱、枋的构成体系和具有个性的各类柱式。古罗马庞贝城的遗址中，从贵族宅邸室内墙面的壁饰、铺地的大理石地面，以及家具、灯饰等加工制作的精细程度来看，当时的室内装饰已相当成熟。罗马万神庙室内高旷的、具有公众聚会特征的拱形空间，是当今公共建筑内中庭设置最早的原型。欧洲中世纪和文艺复兴以来，哥特式、巴洛克和洛可可等风格的各类建筑及其室内装饰均日臻完美，艺术风格更趋成熟，历代优美的装饰风格和手法，至今仍是我们创作时可供借鉴的源泉。（图1-6 ~ 图1-9）

　　1919年在德国创建的包豪斯学派，摒弃因循守旧，倡导重视功能，推进现代工艺技术和新型材料的运用，在建筑和室内设计方面，提出与工业社会相适应的新观念。魏玛包豪斯早期，索姆菲尔德住宅设计是实现包豪斯将艺术和手工艺统一于建筑之中的代表作。索姆菲尔德宅邸在对表现主义献礼的同时夹杂着对几何抽象的心动尝试。室内装潢部分在朱斯特·施密特的指导下表现出与建筑本身风格迥异的情致。他创造的几何性特征的浮雕极其抽象，其传达出来的均衡和秩序与表现主义的风格有着天壤之别（图1-10）。家具来自马塞尔·布劳耶的天才设计，灯具、门把手和其他装置，则是由其他学生设计的。索姆菲尔德别墅既是一次合作设计的成功范例，又实现了包豪斯把雕塑、绘画、实用美术和手工艺综合为一个整体作为建筑学基础的宏伟理想。

　　在随后的魏玛晚期与德绍时期，包豪斯

图1-10 索姆菲尔德住宅大门设计

图1-11 艾姆·霍恩实验住宅

特质。这个住宅最核心的设计理念在于建筑中的生活空间，每个小空间以功能为先，又各具特性，并配以风格简朴的设施，如暴露的金属暖气片、钢窗、钢门框、要素化的家具以及没有罩的管灯等。这些都证明了住宅在新技术和新材料上的实验性，而且还实验了崭新的设计理念。

魏玛后期的室内设计手法在德绍包豪斯学院大楼（图1-12）的设计建造中得以延续，它是包豪斯新空间观念的建筑宣言。包豪斯大楼作为一个综合性建筑群被设计成不同尺寸、材料和方向的立方体的并置组合，并通过玻璃幕墙所获得的大范围的透明区域，使建筑的内部与外部同时出现，实现了平面的相互联系以及相互重叠。跟建筑外观所呈现的明亮而优雅的美学观念相比，大楼的室内则以材料的多样性与丰富性创造出非凡效果：壁纸、玻璃幕墙、地板、窗台、窗户上的机械开合装置、门上的金属材料、灯具和散热器等。包豪斯学派的创始人格罗皮乌斯当时就曾提出："我们正处在一个生活大变动的时期。旧社会在机器的冲击之下破碎了，新

图1-12 德绍包豪斯学院

图1-13 范斯沃斯住宅建筑

加快了革新的步伐，并取得了显著的成绩，主要体现在一些建筑与室内设计方案中。1923年为包豪斯展览设计的艾姆·霍恩实验住宅（图1-11）是对艺术与技术统一观念的展现，表达了最早和最激进的"新生活"样式之一，完美地显示了包豪斯公众形象的

图1-14 范斯沃斯住宅内部

社会正在形成之中。在我们的设计工作里，重要的是不断地发展，随着生活的变化而改变表现方式。"20世纪20年代格罗皮乌斯设计的包豪斯校舍和密斯·凡·德·罗设计的多个建筑作品都是上述新观念的典型实例（图1-13、图1-14），开创了现代主义设计的先河。

第六节　室内设计的发展趋势

随着社会的发展和时代的推移，从总体上看，室内环境设计学科的相对独立性日益增强；同时，与多学科、边缘学科的联系和结合趋势也日益明显。现代室内设计除了仍以建筑设计作为学科发展的基础外，工艺美术和工业设计的一些观念、思考和工作方法也日益在室内设计中显示其作用。室内设计适应于当今社会发展的特点，趋向于多层次、多风格的发展，即室内设计由于使用对象的不同、建筑功能和投资标准的差异，明显地呈现出多层次、多风格的发展趋势。但需要着重指出的是，不同层次、不同风格的现代室内设计都将更为重视人们在室内空间中精神因素的需要和环境的文化内涵。专业设计进一步深化和规范化的同时，业主及大众参与的势头也将有所加强。这是由于室内空间环境的创造总是离不开使用者的生活、生产活动的切身需求，使得使用功能更具实效，更为完善。设计、施工、材料、设施、设备之间的协调和配套关系加强，上述各部分自身的规范化进程进一步完善。从可持续发展的宏观要求出发，室内设计将更为重视防止环境污染的"绿色装饰材料"的运用，考虑节能与节省室内空间，创造有利于身心健康的室内环境。

一、科学性与艺术性的结合

现代室内设计所创造的室内环境是科学性与艺术性、生理要求与心理要求、物质因素与精神因素的平衡和综合。从建筑和室内发展的历史来看，具有创新精神的新风格的兴起，总是和社会生产力的发展相适应。社会生活和科学技术的进步，人们价值观和审美观的改变，促使室内设计必须充分重视并积极运用当代科学技术的成果，包括新型材料、结构构成和施工工艺，以及为创造良好声、光、热环境的设施设备。现代室内设计的科学性，除了在设计观念

上需要进一步确立以外，在设计方法和表现手段等方面，也日益得到重视，设计者已开始认真地以科学的方法分析和确定室内物理环境和心理环境的优劣，并已运用电子计算机技术辅助设计和绘图。在重视物质技术手段的同时，高度重视建筑美学原理，重视创造具有表现力和感染力的室内空间和形象，创造具有视觉愉悦感和文化内涵的室内环境，使生活在现代社会快节奏中的使用者在心理上、精神上得到疗愈。

二、物质与精神文明的融合

从宏观整体看，正如前述，建筑物和室内环境，总是从一个侧面反映当代社会物质生活和精神生活的特征，铭刻着时代的印记，但是现代室内设计更需要强调自觉地在设计中体现时代精神，主动考虑满足当代社会生活活动和行为模式的需要，分析具有时代精神的价值观和审美观，积极采用当代物质技术手段。同时，人类社会的发展，不论是物质技术的，还是精神文化的，都具有历史延续性。追踪时代和尊重历史，就其社会发展的本质讲是有机统一的。在室内设计中，在生活居住、旅游休息和文化娱乐等类型的室内环境里，都有可能因地制宜地采取具有民族特点、地方风格、乡土风格，充分

考虑历史文化的延续和发展的设计手法。应该指出，这里所说的历史文脉，并不能简单地只从形式、符号来理解，而是广义地涉及规划思想、平面布局和空间组织特征，甚至设计中的哲学思想和观点。日本著名建筑师丹下健三为东京奥运会设计的代代木体育馆，尽管是一座采用悬索结构的现代体育馆，但从建筑形体和室内空间的整体效果来看，确实可以说它既具时代精神，又有日本建筑风格的某些内在特征；贝聿铭所设计的伊斯兰艺术博物馆，同样既是现代的，又凝聚着伊斯兰建筑的特征，它不是某些符号的简单搬用，而是体现这一建筑和室内环境既具有时代感的同时又尊重历史文脉的整体风格。（图1-15、图1-16）

三、动态和可持续的发展观

清代文人李渔在他的《闲情偶寄》中曾写道："与时变化，就地权宜。""幽斋陈设，妙在日异月新。"即所谓"贵活变"的论点，并建议不同房间的门窗，应设计成不同的形状和花式，但是具有相同的尺寸和规格，以便根据使用要求和室内意境的需要，使各室的门窗可以更替和互换。李渔"活变"的论点，虽然还只是从室内装修的构件和陈设等方面去考虑，但是它已经涉及了因时因地的变化，把室内设计以动态的发展过程来对待。

现代室内设计的一个显著的特点，是它对由于时间的推移，从而引起室内功能相应的变化和改变，显得特别突出和敏感。当今社会生活节奏日益加快，建筑的室内功能复杂而又多变，室内装饰材料、设施设备甚至门窗等构配件的更新换代也日新月异。总之，室内设计和建筑装修的"无形折旧"更趋突出，更新周期日益缩短，而且人们对室内环境艺术风格和气氛的欣赏和追求，也随时间的推移而转变。据悉，日本东京男子西

图1-15 代代木体育馆

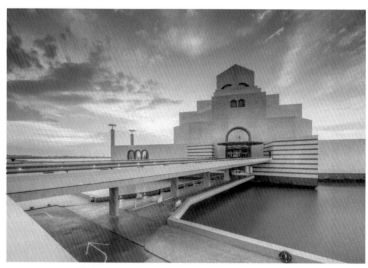

图1-16 伊斯兰艺术博物馆

服店近年来店面及铺面的更新周期仅为一年半，我国上海市不少餐馆、理发厅、照相馆和服装商店的更新周期缩短至2—3年，旅馆、宾馆的更新周期约为5—7年。随着市场经济、竞争机制的引进，购物行为和经营方式的变化，新型装饰材料、高效照明和空调设备的推出，以及防火规范、建筑标准的修改等，都将促进现代室内设计在空间组织、平面布局、装修构造和设施安装等方面留有更新改造的余地，室内设计的依据因素、使用功能、审美要求等，都不能看成是一成不变的，而要以动态发展的眼光来认识和对待。室内设计动态发展的观点同样也涉及其他各类公共建筑和量大面广的居住建筑的室内环境。

"可持续发展"一词最早是在20世纪80年代中期由欧洲的一些发达国家提出来的，1989年5月联合国环境署通过了《关于可持续发展的声明》，提出"可持续发展指满足当前需要而不提前透支

赖以生存资源的发展"。1993年联合国教科文组织和国际建筑师协会共同召开了"为可持续的未来进行设计"的世界大会，其主题为各类人为活动应重视有利于今后在生态、环境、能源、土地利用等方面的可持续发展，联系到现代室内环境的设计和创造，设计者要以确立以节能、充分节约与利用室内空间、力求运用无污染的"绿色装饰材料"以及创造人与环境、人工环境与自然环境相协调的作品为己任。动态和可持续的发展观，要求室内设计者考虑发展有更新变化的创新可能性，同时兼顾发展在能源、环境、土地、生态等方面的可持续性。

除此以外，随着新型建筑材料、装饰材料的快速发展，新型材料广泛应用将使未来的家居无论从材质还是形态上都更加异彩纷呈；随着环境保护意识的增强，人们向往自然，渴望住在绿色环境中，自然材料的需求与资源可持续的矛盾将引导高新科技材料的自然化模拟之探究；工业化生产的住宅产业化及模块化势必带来千篇一律的同一化问题。为了打破同一化，从而引发对个性化的追求，竞争白热化的室内设计行业亦会给设计者崭露头角的机会。

第二章 室内设计的内容、
方法及流程 ┘

第二章　室内设计的内容、方法及流程

第一节　室内设计的内容

现代室内设计所包含的内容和传统的室内装饰相比，涉及的面更广，相关的因素更多，内容也更为深入。现代室内设计与很多学科和工程技术因素的关系极为密切，例如学科中的建筑美学、材料学、人体工程学、环境物理学、环境心理和行为学等；技术因素如结构构成、室内设施和设备、施工工艺和工程经济、质量检测以及计算机技术在室内设计中的应用等。通常接触的室内设计根据空间性质基本涵盖了居住空间、办公空间、公共空间这三大主要类别。三种类型的空间从体量上有大小的区别，其设计的内容及流程没有实质性差异。现代室内设计涉及的面很广，但是设计的主要内容可以归纳为以下几个方面，这些内容相互之间又有一定的内在联系。

一、室内空间组织和界面处理

室内设计的空间组织，包括平面布置，首先需要对原有建筑设计的意图充分理解，对建筑物的总体布局、功能分析、人流动向以及结构体系等有深入的了解，在室内设计时对室内空间和平面布置予以完善、调整或再创造。由于现代社会生活的节奏加快，建筑功能发展或变换，也需要对室内空间进行改造或重新组织，这在当前对各类建筑的更新改建任务中是最为常见的。室内空间组织和平面布置，也包括对室内空间各界面围合方式的设计。

室内界面处理，是指对室内空间的各个围合——地面、墙面、隔断、平顶等各界的使用功能和特点的分析，界面形状、图形线脚、肌理构成的设计，以及界面和结构的连接构造、界面和风、水、电等管线设施的协调配合等方面的设计。界面处理不一定要做"加法"。从建筑的使用性质、功能特点方面考虑，暴露建筑物的结构不加装饰，亦是界面处理的手法之一。室内空间组织和界面处理，是确定室内环境基本形体和线形的设计内容，设计时以物质功能和精神功能为依据，考虑相关的客观环境因素和主观的身心感受。

二、室内光照、色彩设计和材质选用

"正是由于有了光，才使人眼能够分清不同的建筑形体和细部"，光照是人们对外界视觉感受的前提。室内光照是指室内环境的天然采光和人工照明，光照除了能满足正常的工作生活环境的采光、照明要求外，光照和光影效果还能有效地起到烘托室内环境气氛的作用。

色彩是室内设计中最为生动、最为活跃的因素，室内色彩往往给人们留下室内环境的第一印象。色彩最具表现力，通过人们的视觉感受产生生理、心理和类似物理的效应，形成丰富的联想、深刻的寓意和象征。

光和色不能分离，除了色光以外，色彩还必须依附于界面、家具、室内织物、绿化等。室内色彩设计需要根据建筑物的性格、室内使用性质、工作活动特点、停留时间长短等因素，确定室内主色调，选择适当的色彩配置。

材料质地的选用，是室内设计中直接关系到实用效果和经济效益的重要环节，巧于用材是室内设计中的一大学问。饰面材料的选用，同时具有满足使用功能和人们身心感受这两方面的要求，例如坚硬、平整的花岗石地面，平滑、精巧的镜面饰面，轻柔、细软的室内纺织品，以及自然、亲切的本质面材等。室内设计毕竟不能停留于一幅彩稿，设计中的形、色，最终必须和所选"载体"——材质这一物质构成相统一，在光照

下，室内的形、色、质融为一体，赋予人们综合的视觉心理感受。

三、室内陈设及绿化等的设计和选用

在室内环境中，室内陈设设计内容的实用和观赏作用都极为突出，通常它们都处于视觉中的显著位置，家具还直接与人体相接触，感受距离最为接近。家具、陈设、灯具、绿化等对烘托室内环境气氛，形成室内设计风格等方面起到举足轻重的作用。

室内绿化在现代室内设计中具有不可替代的特殊作用。室内绿化具有改善室内小气候和吸附粉尘的功能，更为主要的是，室内绿化使室内环境生机勃勃，充满自然气息，令人赏心悦目，起到柔化室内人工环境、在快节奏的现代社会生活中协调人

们心理平衡的作用。

室内设计内容涉及由界面围成的空间形状、空间尺度的室内环境，室内声、光、热环境，室内空气环境（空气质量、有害气体和粉尘含量、放射剂量）等室内客观环境因素。由于人是室内环境设计服务的主体，从人们对室内环境身心感受的角度来分析，主要有室内视觉环境、听觉环境、触觉环境、嗅觉环境等，即人们对环境的生理和心理的主观感受，其中又以视觉感受最为直接和强烈。客观环境因素和人们对环境的主观感受，是现代室内环境设计需要探讨和研究的主要问题。室内舒适优美环境的创造，一方面需要富有激情，考虑文化的内涵，运用建筑美原理进行创作，另一方面又需要以相关的客观环境因素作为设计的基础。主观的视觉感受或环境气氛的创造，需要与客观环境因素紧密结合。

随着社会生活的发展和科技的进步，新技术、新材料不断涌现，对于从事室内设计的人员来说，根据不同功能的室内设计，应尽可能熟悉相应的基本内容，了解与该室内设计项目关系密切、交互影响的环境因素，在设计时能主动和自觉地考虑诸项因素，也能与有关工种专业人员相互协调、密切配合，有效地提高室内环境设计的内在质量，以顺应时代的要求。

第二节　室内设计的方法

室内空间设计应以满足使用功能为根本，造型应以完善视觉追求为目的。按照"功能决定形式"的先后顺序进行设计，并在实际中二者相互配合、互相兼顾、不断调整。当设计方案成熟以后，研讨、比较、补充后确定正稿，然后按比例绘出正式图纸，如有必要可画透视图或制作模型，以加深设计思想的表达。这里着重从设计者的思考方法来分析，主要有以下几点。

一、全局统筹的观念

设计时思考问题和着手设计需有全局观念。具体进行设计时，必须根据室内的使用性质，深入调查、收集信息，掌握必要的资料和数据，统筹考虑基本的人体尺度、人流动线、活动范围和特点、家具与设备等的尺寸和使用它们须预留的空间尺度等。

二、内外环境的协调

室内环境连接的其他室内环境，以及建筑室外环境的"外"，它们之间都有着相互依存的密切关系，设计时需要从里到外、从外到里多次反复协调，使设计更趋完善合理。室内环境需要与建筑整体的性质、标准、风格和室外环境协调统一。

三、主题立意的创新

好的设计其主题构思至关重要。没有主题的设计相当于缺乏灵魂的人，设计的难度也往往在于要有一个好的立意构思。具体设计一个成熟的构思，往往需要足够的信息量，要花大量时间进行资料收集、商讨并思考，并在设计前期和出方案过程中使立意、构思逐步明确。

四、图纸表达的清晰

对于室内设计来说，正确、完整又有表现力地表达出室内环境

设计的构思和意图，使建设者和评审人员能够通过图纸、模型、说明等，全面了解设计意图，也是非常重要的。在设计投标竞争中，图纸表达即设计者的语言，图纸质量的完整、精确、视觉清晰是重要的

因素。室内设计根据设计的进程，通常可以分为四个阶段，即设计准备阶段、方案设计阶段、施工图设计阶段和设计实施阶段。

第三节　室内设计的商务流程

设计商务流程主要是接受委托任务书，签订合同，或者根据标书要求参加投标；明确设计期限并制定设计计划进度安排，考虑各有关工种的配合与协调；明确设计任务和要求，如室内设计任务的使用性质、功能特点、设计规模、等级标准、总造价，根据任务的使用性质所需创造室内环境氛围、文化内涵或艺术风格等；熟悉设计有关的规范和定额标准，收集分析必要的资料和信息，包括对现场的调查踏勘以及对同类型实例的参观等。在签订合同或制定投标文件时，还包括设计进度安排、设计费率标准（即室内设计收取业主设计费占室内装饰总投入资金的百分比）。

一、设计任务书

室内设计项目是由多部门参与的复杂系统工程。按照项目开展的逻辑顺序，首先由项目业主方召集设计单位、施工单位提出项目实施要求，关于项目实施的各项要求汇总即项目任务书。通常由甲方起草正式项目任务书直接给到被委托或被邀请参与投标的设计单位。小型项目如住宅室内设计，客户通常不会准备任务书，而是通过面对面沟通的方式阐明需求。在此情况下，建议设计工作者按照室内设计元素任务书的主要内容，将客户的要求一一做好记录，并需要去项目地点完成面积实测。如客户无法提供建筑图纸数据，则需要进行现场的户型测绘，事后完成原始户型图的ＣＡＤ绘制。设计工作者将所采集的数据汇整成项目任务书，并对照任务书的各要点项核实是否有遗漏讯息，需与客户做进一步沟通与核实。项目任

务书所包含的基本内容详参附录1。

二、服务建议书

设计单位接受业主方委托或邀请之设计任务书后，即展开项目的设计部署工作。设计工作者解读任务书，开展概念方案的同时，向业主方提报设计服务建议书。设计公司服务建议书由公司介绍、服务标准及针对本项目服务内容细则这三部分组成。室内设计服务建议书所包含的基本内容详参附录2。

三、签署合同

提报设计服务建议书并获得甲方认可后，即开始设计合同的拟定。设计合同通常采用任一方的标准格式，初步拟定后再给到对方商务或法务人员审核。如对相关条款有异议，可经双方协商后予以修改，直至双方没有异议后，方可进行合同的签署、盖章流程。室内设计合同范例的基本内容详参附录3。

第四节　室内设计的方案阶段

完成以上前期商务内容的同时，则应按照合同所规定的进度，开展概念方案阶段的内容。概念方案完成的内容包括平面布局、主题诠释、风格定位、色彩搭配、设计意向等。首先必须了解建设方（客户）对设计的要求，包括设计的功能要求、使用对象、投入资金、风格形式、设计期限等，从而确定设计的计划，明确设计任务、目标及要求，并对设计时间和人员做出安排。设计者着手设计一件案例时，首先需充分与业主沟通，了解其家庭成员、家庭设

备、生活习惯及其兴趣、喜好、品位等。因为只有越了解业主，才能设计出使用者满意度越高的住宅。在平面规划时，常因业主之需求或设计上的需要，隔间会与原建筑物的隔间墙有所出入及变更，需注意尽量维持建筑物结构上的完整性，不可破坏原建筑物之结构，致使建筑物之强度降低。本教材除本

章为设计流程的详细介绍外，其余章节即围绕以上概念方案的内容——讲解及训练。能够掌握概念方案阶段的所有内容，即掌握了对室内设计的初步认知。

一、平面布局

平面布局是概念阶段的重点，为展现设计的形式与功能，并给予适当的概念颜色填充，辅助概念设计的表达与呈现。（图2-1）

二、主题设立

主题是概念设计最核心的内容，所有其他的概念内容均围绕主题展开。主题诠释是体现设计的思考、分析及精髓的过程，如何提出适合项目的巧妙构思，并将其贯穿于整体设计，赋予设计提案以独特性，是设计师最大的价值所在。（图2-2）

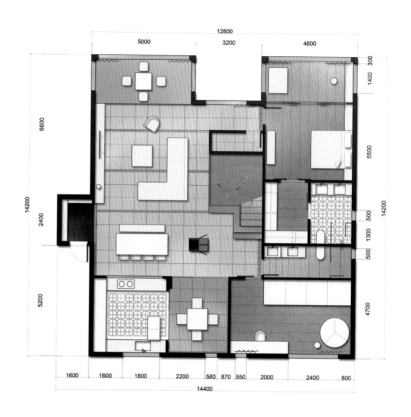

图2-1 空间设计的平面布局方案图面表达

树叶的形状　　水的引入　　树的变化　　鹅卵石的亲切质感

对于居住在城市的人们，接触自然界的时间是非常短暂的，跟自然界接触是每个人都会有的向往，能把自然界中的元素引入室内，让家也可以成为诗和远方。

图2-2 居住空间设计的主题元素诠释图示

Design concept

设计理念

(功能及风格定位)

客厅设计大落地窗，可以在室内看见室外春夏秋冬的美景，也可以欣赏朝阳与落日。女主喜欢做烘焙所以设置了西厨。书房与餐厅改用玻璃相连，使空间更加开阔。地下配置了健身房、影院、钢琴、藏酒区、茶室，满足了业主的爱好需求。业主为一对年轻的夫妇，不喜欢束缚、烦琐的感觉，所以风格设计上更偏向于现代简约风格。

整体设计为现代风格，简洁干净，清爽自然，传达着一种质朴的生活态度，在繁华的都市中，常常会产生对家的最原始的渴望，奢华已不再成为主流追求，舒适早已悄然攻占人心。现代风格呈现的恰恰是这种"纽带"式的情感氛围。

图2-3 居住空间的设计定位

三、设计定位

风格定位重点体现了客户的要求，客户对于设计的内容可能提出的便是风格倾向、装修质量级别、色彩偏好及功能需求。色彩搭配来源于主题的设立、客户的色彩偏好及风格定位等多个方面的因素。了解客户的色彩偏好可以引导色彩基调的方向，根据主题进行配色遴选，再通过设计风格定位进行具体的色彩配比。设计师结合实际情况，将这些要求有机综合后给出产品的风格及定位描述。（图2-3、图2-4）

什么颜色搭配容易让人放松？

梦境色　　　怀旧色　　　自然色

图2-4 居住空间设计的色彩主题分析

四、设计意向

设计意向图贯穿于整个方案设计的过程，它来自大量网络、图书等资料。在设计最开始，尚未形成设计构想之前，它是概念的起源；提炼出主题构想后，需要找寻大量的设计意向图来支持构想所表达的内容；且在后续的设计过程中，设计意向也是设计细节不可缺少的参照。（图2-5、图2-6）

完成概念方案阶段内容，向甲方做方案汇报，整理汇报后修改意见做进一步调整，如概念方案顺利通过，则进入下一步的深化设计阶段。深化设计阶段所包含的内容有主空间效果图、主立面效果、地面铺装方案、天花布置方案、主材料选样等内容。其设计方案文件的平、顶、地面图纸，根据设计空间的体量，住宅空间常用比例为1：50或1：100。

五、设计效果表现

完整的空间设计所包括的功能区域繁多，通常从主要、重点设计表达的区域着手进行效果图的表现。早期多使用手绘的方法进行效果图绘制，随着三维多媒体设计的快

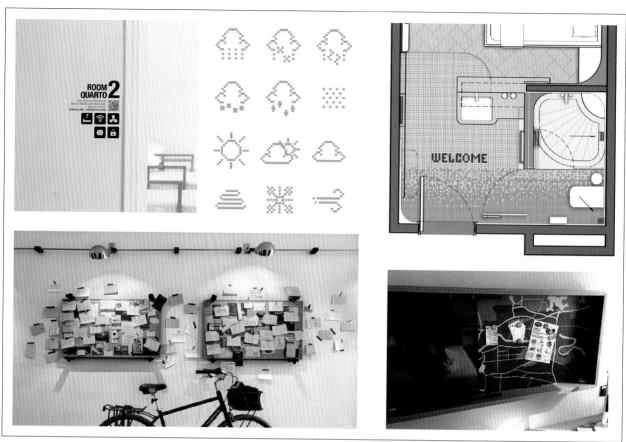

图2-5　空间设计细节的意向图表达

图2-6　空间设计的家具意向图

速发展，使用计算机绘制效果图的方法逐步取代手绘效果图。计算机绘制效果图的优点是材质、色彩、光环境得到更逼真的质感表现，接近真实的照片级渲染效果，呈现给客户清晰、明确的方案表达。（图2-7、图2-8）

图2-7 空间设计手绘效果图

图2-8 空间设计三维效果图

因空间效果图制作耗费大量时间，单个项目能够提供的空间效果图有限，更多重要的设计需要生动呈现给客户以形成完整的方案印象时，可辅助以立面效果的二维表达。二维立面效果的表达有多种方式，可以通过立面建模、渲染的方式，亦可以通过CAD立面绘制后，结合手绘或二维图像处理软件，如Adobe旗下的Photoshop或Illustrator等软件进行材质、色彩的效果处理，以达到设计效果表现的目的。

六、主材料选样

方案设计中，除了效果表现，还需要进一步将使用的主材料罗列出来，让客户了解真实的材料质感、品种以及市场的资源渠道、价格等相关信息。从上述几个方面来判断主材使用的可行性及合理性（图2-9）。

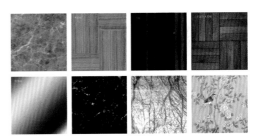

图2-9 空间设计的主材料方案

第五节 室内设计施工图阶段

完成深化设计阶段的内容，需向甲方做方案汇报，整理汇报后修改意见做进一步调整，如深化方案顺利通过，则进入下一步的扩初设计阶段。扩初设计指将既有的方案以图纸的形式表达出来，并附上完整的材料列表。施工图扩初设计的内容包含材料表、平面布局图、拆砌墙图、地面铺装、天花布局、灯位连线图、开关插座图、给排水图、立面索引图及全部立面图纸。立面图是室内墙面与装饰物的正投影图，标明了室内的标高，吊顶装修的尺寸及梯次造型的相互关系尺寸，墙面装饰的式样及材料、位置尺寸，墙面与门、窗、隔断的高度尺寸，墙与顶、地的衔接方式等。扩初所涉平面布局及系统图纸一般比例为1：50或1：100；立面展开图

常用比例为1：20或1：50。所有施工作业均包含在所提供的扩初图纸内，其将作为初步的估价依据提供给相应的工程单位进行预算。

一、设计说明

施工图说明是整套图纸的总领，其包括的信息有项目信息，即项目名称、体量、所在地、工期、设计方、施工方及业主方等内

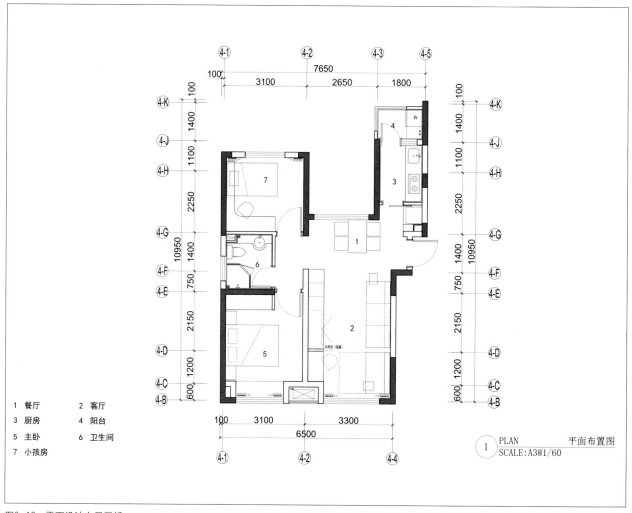

图2-10　平面设计布局图纸

容；项目设计中所参考的国家相关建筑装饰设计及施工标准规范；整个设计所涉及所有工艺的施工规范方法指导；整个设计中所有图标所表达的内容含义等。

二、主材料表

扩初阶段需要提供完整的材料列表，即除了主要大面材料以外，所涉及的细节各项材料均需涵盖。有尺寸要求的材料需提供准确的规格，并根据图纸表达给予编号归类及排序。通常使用的材料大致分为涂料类、石材类、瓷砖类、木饰面类、布艺壁纸、金属及玻璃等。

三、平面布局图

扩初图纸所提供的平面布局需附有空间的尺寸标注，以及空间功能的编号与标注。图纸中的所有设施布局尺寸应是准确并已确定位置的，图纸中的活动家具与固定装饰也是已经区分明确的。整个图面表达没有任何遗漏，且符合相应的图面比例尺。（图2-10）

四、墙体定位图

拆砌墙的表达可以分为两种方式：第一种方式，展现原始平面图，另展现一张完整的墙体尺寸定位图；第二种方式，展现原始平面图并标注出拆除墙体，另展现出一张拆除墙体后补建新墙体并予以标识的图纸。两种方式根据拆砌墙的量，以避免对读图者造成误解为要义，选择适合的表达方式。（图2-11）

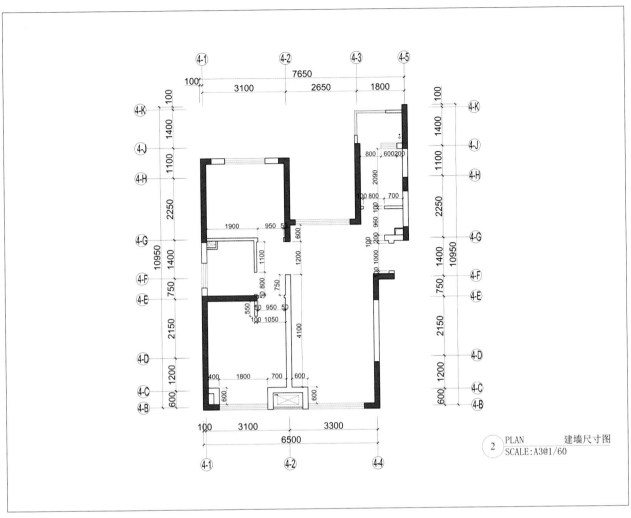

图2-11 户型设计墙体定位图

五、地面铺装图

地面铺装图需要清楚地表达每个空间地面的材质以及铺装方式。不能仅使用简单的绘图填充功能一笔带过，而需要根据实际所使用的材质规格进行合理排布绘制，以引导后期施工的铺贴方式。不同材质之间的收口铺贴需一并反映在图纸上，并标注清楚各材质的类别以及完成面的地坪高度。（图2-12）

六、天花布局图

天花布局除了造型设计外，高度层次必须标注清楚以让读图者清晰了解造型的空间关系。灯的布置、风口、消防喷淋、烟感报警器等所有顶部设施需正确按设计原则及相应规范合理布局。（图2-13）

七、灯位连线图

灯位连线图需作为单独的图纸绘制，以清晰地表达各条灯路所属的控制开关。灯位连线图中，除了能够读出灯路信息，还包含了开关点位、开关个数、开关单双控等一系列信息。（图2-14）

八、插座布局图

插座图显示了各功能区域的取点位置，插座图的布局设计与功能使用息息相关。插座图不仅表现出插座的平面定位，亦反映出插座的纵向高度，还反映了插座的不同类

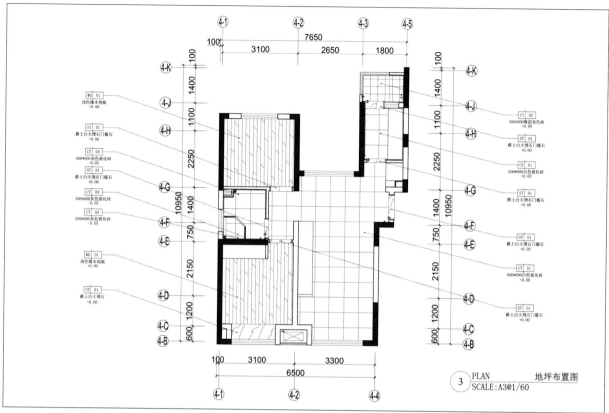

图2-12 地面铺装设计图纸

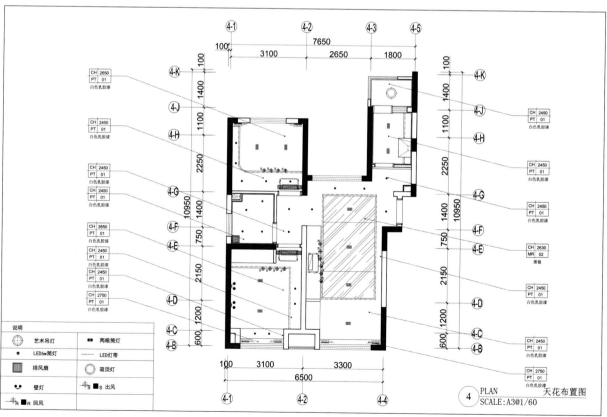

图2-13 天花布局设计图纸

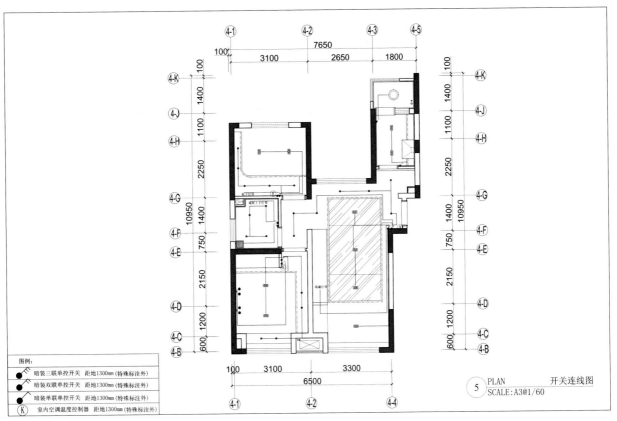

图2-14 灯具开关连线图

型，如普通插座、网络接口、电话电视插座、防水插座、地面插座等。（图2-15）

九、给排水设计图

给排水图提供的是供水及排水方案，在涉水的空间需要提供图纸。如图2-16的连线可以看到，其连线所显示的是厨房及卫生间的给水及排水方案。

十、立面索引图

立面索引图是方便读图者查看图纸的一种编号方式，通常来讲，每个空间有4个立面，如果完成所有空间的立面绘制，则每个空间即有4个索引。如图2-17看到空间给出的完整菱形索引则表示该空间所有立面设计在立面图纸中均有反映。比如给予4个立面A、B、C、D的编号，再给予立面图所在图纸本内页码的编号，读图者即可结合页码及字母编号找到后面相应的立面图。

十一、立面图

立面图对应索引箭头所指方向，即人的视线所看的方向，从左到右呈现立面设计内容。其需反映出设计形式、材质、尺寸、定位等多项内容，立面图上还同时反映了顶面造型的剖切构造及尺寸信息。立面图上也有另一种索引，其索引的是该处的细节设计。如图2-18位于上方的立面有竖线索引，帮助该处在后面的节点部分呈现详细的剖切细节图；如下方圈起的门的框形索引，在后面的大样图中会呈现关于这个门的所有细节设计图纸内容。

完成扩初阶段图纸内容后，经甲方审核、工程施工方造价审核，如超出原定预算，则需要在材料的使用、装饰面的范围及复杂程度上做调整。如顺利通过审核并符合

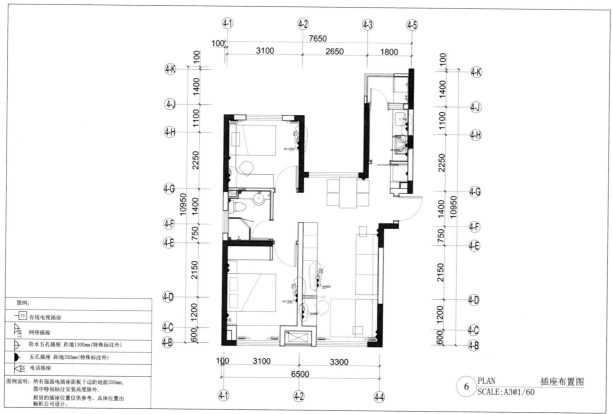

图2-15 插座布局图

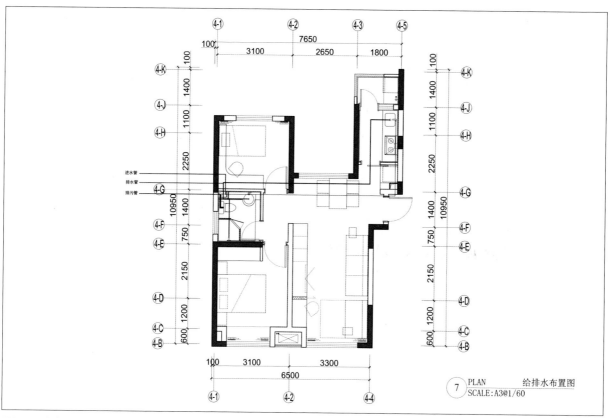

图2-16 室内给排水管路设计图纸

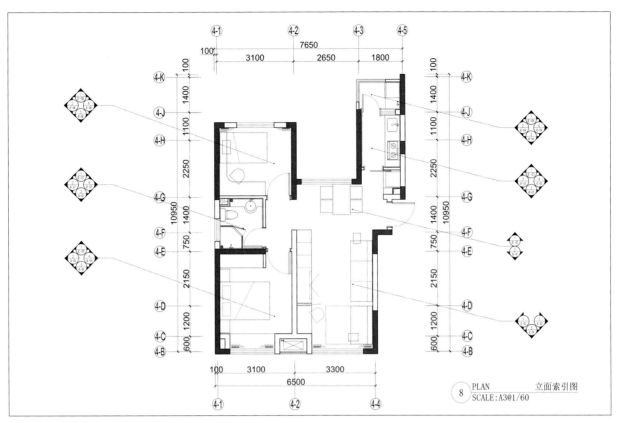

图2-17 立面索引图

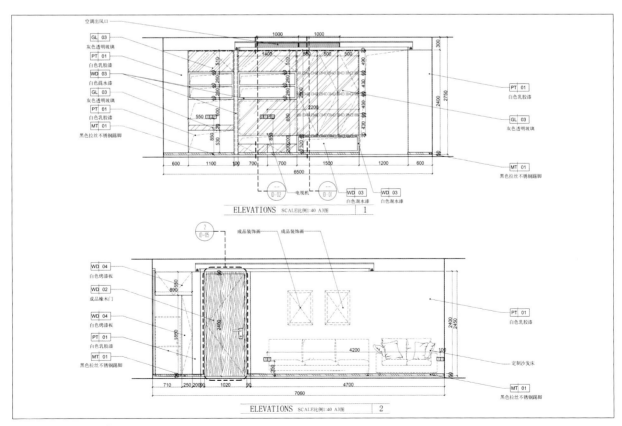

图2-18 空间立面设计图纸

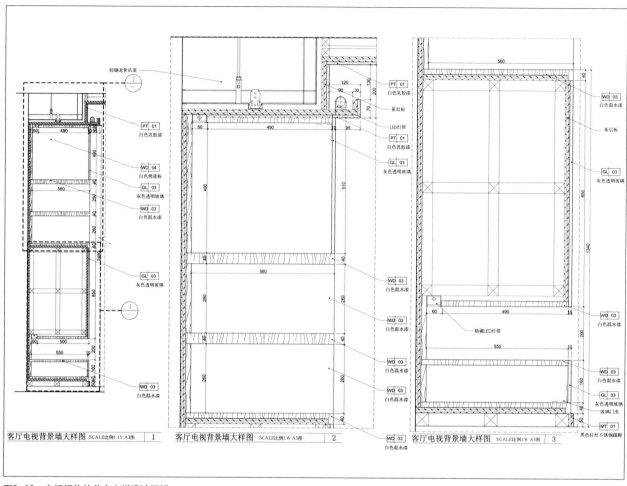

图2-19 空间柜体的节点大样设计图纸

造价标准，则进入施工图阶段。施工图是装修得以进行的依据，具体指导每个工种工序的施工。在设计施工图时，无论是剖面图还是节点图，都应在立面图上标明，以便正确指导施工。施工图在扩初图纸的基础上，增加了包括施工规范说明、节点大样索引以及节点大样图纸；所有材料表需进行封样；提供软装配置手册。施工图把结构要求、材料构成及施工的工艺技术要求等用图纸的形式交代给施工人员，以便准确、顺利地组织和完成项目施工。剖面图是将装饰面剖切，以表达结构构成的方式、材料的形式和主要支撑构件的相互关系等。剖面图标注有详细尺寸、工艺做法及施工要求。节点图是两个以上装饰面的汇交点，按垂直或水平方向切开，以标明装饰面之间的对接方式和固定方

法。节点图应详细表现出装饰面连接处的构造，注有详细的尺寸和收口、封边的施工方法。

十二、节点大样图

节点大样图纸包括细节放大图、剖面图。往往因内容过于细小，在平、立面比例上无法清晰呈现细节，需通过节点大样图的形式反映出来。节点大样图纸图面不同于平立面图有统一固定的比例，它可以因细节呈现的清晰度要求拥有多种比例，每个图样即可给予相应的比例，其目的是让读图者清楚地了解到细节的工法及材料的收口等。（图2-19）

十三、材料封样

设计除材料表以外，需提供主要材料的样品展示板，俗称封样。后续施工所使用材料，需以该材料样板所提供之内容为参照，

同色、同纹样、同质量，以保证施工呈现与设计效果的一致性。（图2-20）

十四、软装方案

在方案过程中软装设计始终同步于方案的进行，硬装表达借助于施工图纸，而软装的落实则采用软装列表的形式。软装列表包括的内容有空间所涉及的软装类目，各类目所涵盖的物品，物品的照片、尺寸、采购信息、数量等内容均需编制到列表当中，以便于后期客户的采买工作。（图2-21）

以上为完整的设计图纸，除设计说明及装修材料表以外，包括下列内容：平面系统图（大体量的公寓、别墅要有分区或各居室平面图）、完整的立面图及剖面图、节点大样图。尤其在平面系统图中涉及除装饰设计以外的水、电、暖通的各类点位图纸。以上为设计方关于项目设计工作的完整流程，完成施工图阶段内容，并不意味着项目设计工作的结束，通常设计工作完成即现场工程施工的开

图2-20 室内设计材料封样展示板

始，整个设计元素的施工全程需要设计师参与指导及把控，才能够较理想地实现设计师的方案效果。所以设计师在整个项目实施阶段参与的工作是复杂且多样化的，需要与多方单位进行沟通协作。

图2-21 空间软装设计意向方案

第六节　设计实施阶段

施工图完成后，各专业须相互校对，经审核无误后，才能作为正式施工的依据。根据施工设计图，参照预定额来编制设计预算。工程开工前，在建设单位（客户）的组织下须向施工方进行技术交底，对设计意图、特殊做法做出说明，对材料选用和施工质量等方面提出要求。

一、项目施工阶段

设计实施阶段即工程的施工阶段。室内工程在施工前，设计人员应向施工单位进行设计意图说明及图纸的技术交底；工程施工期间需按图纸要求核对施工实况，有时还需根据现场实况提出对图纸的局部修改或补充；施工结束时，会同质检部门和建设单位进行工程验收。为了使设计取得预期效果，室内设计人员必须抓好设计各阶段的环节，充分重视设计、施工、材料、设备等各个方面，并熟悉、重视与原建筑物的建筑设计、设施设计的衔接，同时还需协调好与建设单位和施工单位之间的相互关系，在设计意图和构思方面取得沟通与共识，以期取得理想的设计工程成果。

二、施工监理阶段

在建筑装饰工程的整个施工过程中，设计人员应与建设单位代表一起做好施工监理工作，其中建设单位代表可以是专业公司人员。施工监理工作主要包括对施工方在用材用料、设备选订、施工质量等方面做出监督，完善设计图纸中未完成部分的构造做法，处理各专业设计在施工过程中产生的矛盾，局部设计的变更或修改，按阶段检查工程质量，并参加工程竣工验收工作。

设计师完整参与项目的流程需要面对的部门繁杂（图2-22），从图中可以看到设计师参与的各阶段工作（图2-23）。这也说明了一个合格的室内设计师的培养需要花大量的时间，需要有方案设计、图纸表达、案场管理、材料认知、交流协调等经验和多方面知识的积累。其中方案设计、图纸表达的经验在大学期间即开始训练，但案场管理、材料认知、交流协调等经验主要有赖于走向就业岗位后的历练与积累。

图2-22　项目过程中设计师需要协调的对象

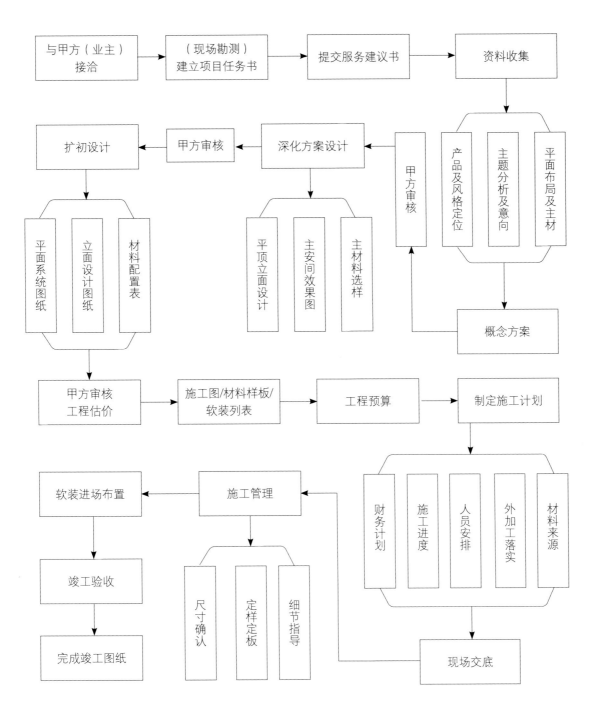

图2-23 室内设计项目完整流程图

「 _ 第三章　环境认知」

第三章　环境认知

第一节　建筑类型

建筑环境包括室内外空间环境、视觉环境、空气质量环境、声光热等物理环境、心理环境等许多方面。人对于建筑环境的认知通常遵循由外到内、由整体到细节、由简单到复杂的认知规律。对于陌生的建筑环境，以住宅为例，首先我们需要了解住宅所处的区位以及交通路径；到达目的地后我们对小区的整体形象有了初步认知，记录下门牌号和地址，以便下次过来复核方便；同时需要熟悉建筑情况，观察建筑物风貌和四周环境，比如小区建筑密度、景观绿化环境、人车流动及噪音情况，建筑物朝向及建筑外观特殊细节如斜坡顶造型，周边生活配套等，对其进行图文笔录、拍照或视频记录（图3-1）。

图3-1　设计前期的周围环境勘察

图3-2　独立住宅

一、住宅的分类

住宅建筑分为独立住宅与集合住宅两大类。独立住宅指独栋别墅或自建住房、独门独户的住宅建筑形式（图3-2）。集合住宅是一个比较宽泛、笼统的概念，"集合住宅"一词来源于日本。广义的集合住宅是指在特定的土地上有规划地集合建造的住宅，包括低层、多层和高层。低层住宅是指总数为1~3层的住宅，在城市里，多表现为别墅；在农村、乡镇，一般为普通民房。多层住宅指楼层总数为4~6层的住宅。多层住宅一般一梯两户，每户都能实现南北自然通风，基本能实现每间居室的采光要求。以往的多层住宅通常不设置电梯，楼梯往往作为多层住宅的主要上下楼通道。也有少数设置电梯的多层小区一般统称为多层洋房。高层住宅通常细分为小高层、高层及超高层。小高层指楼层总数为7~11层的住宅，其平面布局类似于多层住宅，一梯两户且公摊面积小。其特点是建筑容积率高于多层住宅，节约土地。从建筑结构的平面布置角度来看，大多采用板式结构，在户型方面有较大的设计空间。由于设计了电梯，楼层又不是很高，增加了居住的舒适感。高层住宅指楼层总数在12层以上，但楼栋高度小于100 m的住宅。高层住宅的优点是可以节约土地，增加住房和居住人口。但建筑造价相应提高。高层住宅电梯、楼道、机房、技术层等公用部位占用面积大，得房率低。超高层指楼栋高度超过100 m的房屋，一般楼层总数在33层以上。超高层住宅的楼面地价最低，

图3-3 点式住宅小区

图3-5 板式住宅小区

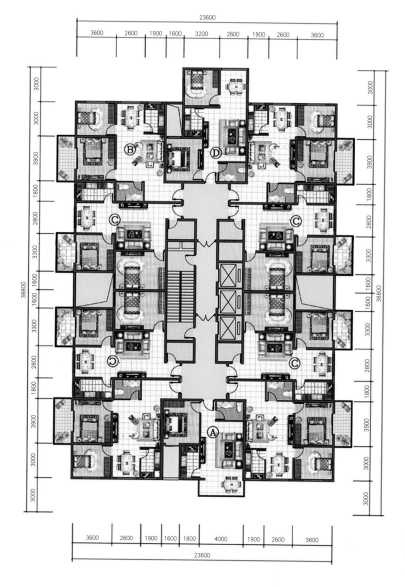

图3-4 点式住宅建筑平面

但其房价却不低。这是因为随着建筑高度的不断增加，其设计的方法理念和施工工艺较普通高层住宅和中、低层住宅会有很大的变化，需要考虑的因素会大大增加。例如，电梯的数量、消防设施、通风排烟设备和人员安全疏散设施会更加复杂，同时其结构本身的抗震和荷载也会大大加强。《中国大百科全书》中有"多户住宅"的概念，即在一幢建筑内，有多个居住单元，供多户居住的住宅，多户住宅内住户一般使用公共走廊和楼梯、电梯。

二、点式与板式住宅

通常来讲，公寓住宅属于非独立的集合住宅，公共交通一般由多个住户共用，单个楼层会有一个或多个户型，其中单个楼层一个户型的住宅是非常稀少的。单楼层多个户型的建筑具有不同的建筑形式，主要分为点式和板式住宅两大类。点式住宅其户型围绕中间的垂直交通核心筒展开布局，整个楼体呈均衡四散的塔形。点式住宅往往层高较高、建筑密度高，相对节约土地资源，但随着单层住户的增多而导致居住环境的舒适度不高（图3-3、图3-4）；板式住宅楼是当下主流的住宅形式，其户型通常呈条状一字排开，建筑呈扁长形（图3-5、图3-6）。

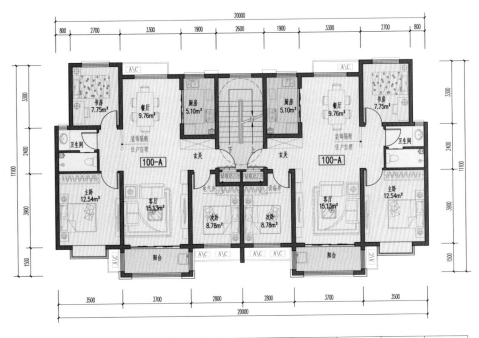

编号	户型	套内面积 (不含阳台)	阳台面积 (计一半)	公摊面积 (标准层)	首层交通 核公摊	总公摊 面积	建筑 面积	销售 面积	得房率
100-A	三室两厅一卫	81.79m²	2.73m²	13.48m²	2.35m²	15.83m²	100.35m²	103.08m²	84.23m²

注：表中面积为全楼公摊数据，含100mm厚保温层，最终面积以房管局测绘为准。

图3-6　板式住宅建筑平面

板式住宅密度低，满足国人对于南北通透、户型方正的喜好，单层户型个数受限，满足居住的舒适度，普遍受到市场的青睐。

以住宅为例，在入户前明确住宅类型（图3-7）：是别墅还是公寓？是点式住宅还是板式住宅？入户之后，户型组成及朝向勘察是对于室内最初的认知，即熟悉室内格局，可以在室内来回走几圈，观察其所处是端头户型还是中间户型；观察其是由几室几厅几卫的空间组成；观察阳光与室内空间的相对位置，确定各功能空间的朝向分布，建立第一手的感性认识。

图3-7　勘察建筑在环境中所处的位置

第二节　建筑结构

　　户型承重常见的结构体系主要有三种：砌体结构、剪力墙结构、框架结构。虽然业主提供的原始平面图有时也标示了承重墙和承重柱的位置，但设计者仍必须在现场进一步观察。承重墙承担着楼盘的重量，维持

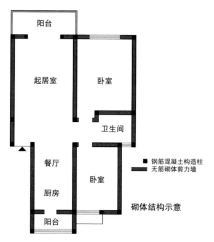

钢筋混凝土构造柱
无筋砌体剪力墙

砌体结构示意

钢筋混凝土剪力墙
砌体填充墙

剪力墙结构示意

图3-8　砌体结构两室两厅住宅户型平面图　　图3-9　砌体结构两室两厅住宅户型墙体模型　　图3-10　剪力墙结构两室两厅住宅户型平面图

着室内空间结构的平衡，在后期的设计中是不能去拆除或者移动的。只有非承重墙才能根据设计适当地进行拆除或移动。而室内空间中梁的布局情况则通常不会在原始平面户型图中反映出来，需要进行现场观察、记录与测量。因为对存在于室内顶部的梁进行精确测量具有一定难度，室内的承重墙体及柱体的分布可以为梁的定位提供有效的参考。除了最为常见的顶部梁体，还有立面上的圈梁、地面上的翻梁等形式。在承重勘察的时候需要注意测量记录。

一、砌体结构

砌体结构是最常见的住宅结构体系，20世纪90年代之前修建的多层住宅，基本都是砌体结构，或者俗称的"砖混"结构。图中是一个比较典型的砌体结构的两室两厅住宅户型（图3-8）。图中黑色实心方块是钢筋混凝土结合的构造柱。其余所有墙体都是砌体剪力墙，原则上这些也都是不能破坏的。混凝土构造柱和砌体剪力墙构成了整个竖向结构体系，承载所有的结构荷载。

从三维墙体模型中可以看到（图3-9），灰色部分是钢筋混凝土构造柱，红色部分是砖块砌体墙。砌体墙与楼板之间，是混凝土

圈梁。砌体结构的每一片墙体都在为结构分担承重。砌体结构不应拆墙，更不能拆构造柱，也不能破坏楼面梁和圈梁，考虑到建筑建造时已经确定了荷载量，因此不能随意增加更多的砌筑墙体。如果确实有增加墙体的需要，可考虑采用轻钢龙骨石膏板、蜂窝纸板、玻璃隔断等轻质干法墙体。

二、剪力墙结构

随着土地价格的上升、市场需求的增加，20世纪90年代中后期开始大量出现高层住宅，小高层以上的住宅几乎均为剪力墙结构。在典型的剪力墙结构住宅两室两厅户型图中（图3-10），黑色实心墙体为钢筋混凝土剪力墙，即承重墙体，不能被破坏。其余为砌块墙体，原则上不起结构承重作用，可以根据室内设计需要加以适当的改建。但同样需要注意尽量减少或避免增加砌筑墙体的量，以免超出建筑荷载而影响建筑承重系统的稳固性。可以根据设计需要采用轻钢龙骨石膏板、蜂窝纸板、玻璃隔断等轻质干法墙体。剪力墙结构两室两厅住宅户型立体模型中（图3-11、图3-12），灰色部分为混凝土承重墙体，红色部分是砌体填充墙，填充墙上方灰色部分为混凝土连梁。需要注意的是，混凝土连梁与混凝土墙体构成了整个建筑的承重体系。

三、框架结构

框架结构没有上述剪力墙结构常见，主要采用框架结构的建筑以独栋、联排、叠加别墅和多层洋房等产品为主，其占据市场份额相对比较小。根据所采用的柱子形状不同，可以分成普通框架和异

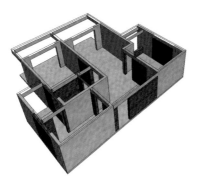

图3-11　剪力墙结构两室两厅住宅户型墙体模型

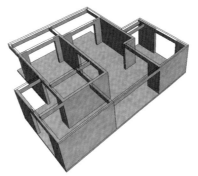

图3-12　剪力墙结构两室两厅住宅户型墙体承重系统模型

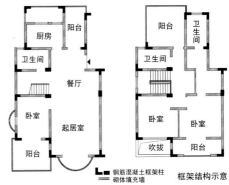

图3-13　跃层花园洋房户型住宅平面图

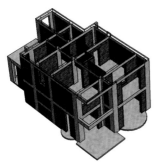

图3-14　跃层花园洋房户型住宅墙体模型

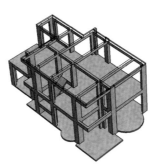

图3-15　跃层花园洋房户型住宅墙体承重系统模型

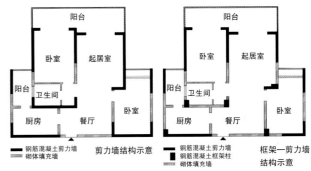

图3-16　单一结构与综合结构户型对比

形柱框架结构。

以一个花园洋房跃层住宅户型为例（图 3-13），采用的是混凝土异形柱体系，带有少量的普通框架柱。图中黑色实心块体即钢筋混凝土框架柱，矩形的是普通框架柱，L 形、T 形的是异形柱。所有的实心柱体构成了户型的承重体系，而其余墙体则不承担荷载任务。除了实心钢筋混凝土框架柱不能改动外，其余三维墙体图中显示的所有红色砌筑墙体均能够拆除（图 3-14），拆除后的建筑仅剩灰色混凝土圈梁及实心柱的框架，整个空间没有墙体的遮蔽感，由结构模型可见，框架结构户型的空间改造可能性是最大的（图 3-15）。但同上面提及的两种结构一样，也需要注意在拆完之后不能随意增加砌体砖墙。尤其是在原来没有墙体的地方加墙，须使用如石膏板、蜂窝纸板、玻璃等轻质墙体。新建的墙体也要做好可靠的拉结措施，以确保建筑承重的安全性。

四、混合结构

除了以上三种承重结构，还有可以融合使用不同承重方式的混合结构。如图 3-16 便是根据剪力墙结构的户型进行变化，融合框架结构将原来两室两厅户型结构改成了框架—剪力墙综合结构。混合结构的应用一般均需要建立在对原单一结构具有优化及使用优势的基础上。框架—剪力墙混合结构跟原来的剪力墙结构相比，其优点便是将室内原来较长的剪力墙改为承重混凝土柱子，以增加户型重新进行空间规划的灵活性。

第三节　室内环境

室内环境根据现实情况，往往具有毛坯空间与装修空间的区分。以住宅为例，毛坯空间即室内保留了原始建筑结构的现状，其户型与原始建筑户型图基本一致。而装修空间则已经根据住户的生活需求在原始建筑基础上对室内环境进行了改造。在对室内空间进行勘察时，要在脑海里构筑起一个相同的空间，而以后就要在这

图3-17 平移型窗户细节图

图3-18 开启型窗户的类型及样式

个想象的空间里进行设计，这就要求设计者有很好的记忆力和空间想象力。也可借助相机对空间进行记忆。在进行空间勘察时要特别注意各功能区之间的关系、功能区之间过渡是否自然。室内毛坯结构的勘察，其重点主要包括户型组成与朝向、承重结构勘察、建筑门窗、管井位置、户型尺寸等。

一、室内门窗

室内空间的建筑门窗的位置、大小直接决定了后期功能规划的布局及造型设计。公寓住宅中的门分为入户门与户内门，入户门一般连通公共过道，通常无法更改其位置；户内门则是指户型内部由一个空间通往另一个空间的门。毛坯房往往只能看到门洞而没

有安装门及门套，门洞的位置根据其所在的墙体性质决定了其是否能够进行调整。门洞所在的墙体属于非承重墙体，可以根据空间需要进行门洞的位置移动，如果门洞所在的墙体为承重性墙体，则不能因为调整门洞位置而破坏承重墙体。户内的每一个功能空间应设有门及窗，以方便通风和采光。个别没有窗户的空间其通风及采光均受到严重影响，不能成为人们日常活动的空间。这种暗室通常作为生活的辅助功能存在，被设置成如储物空间、影音室等。在户型面积有限或户型存在不止一个卫生间的情况下，也会出现没有窗户的卫生间。除了常见的立面开窗采光，还有顶面天窗采光或顶立面复合型窗采光形式。

根据开窗方式的不同，窗户可以分为推拉窗、平开窗和上下悬窗三类（图3-17、图3-18）。推拉窗即移窗，根据窗户的宽度分为双扇和多扇移窗；平开窗根据窗的开启方向分为外开窗和内开窗。普通住宅多以外开窗为主，其对室内空间不会产生影响；高层住宅则不允许使用外开窗，如使用平开窗则必须为内开窗，当窗户形式为内开窗时，室内设计的所有细节均需考虑为内开窗预留充足的空间，防止完成的装修影响窗户的正常开启。除了移窗和平开窗，还会出现悬窗，其开启原理与平开窗类似，但平开窗其开启方向是水平方向，而悬窗的开启方向则是垂直方向。上下悬窗因为有铰链，所以窗户仅能打开10cm左右的缝隙，满足通风需求并具有较高的安全性。这种方式的窗户开启扇所占用的空间较小，对于厨房和卫生间这类安装位置受局限的地方很适用。

二、管井与管道

管井即专门为管道所砌筑的空心柱。只有存在管道的空间才设有管井。室内管井常见的有水管井、烟管井、风管井这三种。通常住宅当中以水管井、烟管井最为常见，不会单独设置风管井。住宅中存在管井的典型空间有厨房、卫生间及阳台。厨房因为涉及用水、油烟，会设有水管井及烟管井；卫生间和阳台设有水管井。在住宅毛坯结构空间，已经完成管井砌筑的和未做管井砌筑暴露管道的两种情况均比较常见。

水管井，顾名思义，即用于给水、排水的管井。生活离不开水，不仅在家里每天都要使用水，在办公室、商业空间也是同样的。以居住空间的涉水活动为例，用水的空间包括厨房、阳台、卫生间等；办公空间通常涉及用水的空间如茶水间、卫生间；商业空间除卫生间外，餐饮空间的厨房、洗车店、洗衣店都少不了用水活动。水资源从城市输水管道接入室内空间，通常称作给水；使用后的污水通过管道排出空间汇入城市污水系统，称作排水。从城市接

入室内的给水点，需要根据空间布局，使给水管走到相应的位置。同理，排水管也要布设在该位置，最终汇入排水系统。如果把城市接入建筑的给排水系统比作树干，那延伸出去的给排水管道便是树枝。这个由一组垂直水管组成的"树干"存在于室内空间，只是在它的外面包覆了墙体而未直接暴露出来。所包覆的墙体看起来像方形的柱子，但敲击它的声音是空心的，区别于柱子的实心闷声，故被称作水管井。水管井通常设置在用水的功能空间，在厨房、卫生间、阳台可以看到凸出墙角的水管井。（图3-19、图3-20）

接管的高度则应根据实际使用的需要，如抽水马桶的进水是离地较低的给水点，厨房进水点以厨房台面为参照，洗衣机的进水点以洗衣机的尺寸为参照。排水口则一律位于地面，排水口除了设计用于接设施的排水管，还要考虑特殊空间预留的排水口，即地漏。卫生间、阳台均要设额外的地漏，以便于地面的积水及时排掉。另外抽水马桶的排污是特殊的排出管道，为防止阻塞，它的直径达到10cm以上。也正因为它的管道直径大，通常卫生间的排污管是无法像其他排水管一样按需布置的，其原始建筑所在的排污管位置，便是设计完成后最终的马桶位置（图3-21）。市面上也有称之为马桶移位器的产品，可将坑管的位置做微调，移位器受地面高度限制，将大口径圆管转换为扁形管实现坑管移位，这种做法易造成马桶阻塞，故实际设计中不建议使用。这里所讲述的马桶坑管固定的原因，其根本在于本层的坑管布设在下一层的楼板上，若空间按层独立划分，如平层公寓空间，则如上所述无法进行坑管的位置调整。若垂直空间为独立整体，如别墅空间，则其各层的坑管位置有较大的调整余地。现代公寓空间为了解决坑管的问题，采用局部"降板"的方法，以达到坑管按设计需求布置的目的。具体的做法是在卫生间区域将楼板下沉30cm～50cm的高度，以做到坑管在楼板上方完成布设，这种做法称为"同层排水"。当然这样的做法带来建筑成本的增加，同时也需要单层层高达到一定的高度，常应用在高质量的公寓产品中。（图3-22、图3-23）

烟管井设置于住宅的厨房空间。其作为单独的排烟功能不与其他管道功能混用，防止油烟散溢到室内。常见的毛坯住宅，其水管道是否事先封闭视情况而定，但烟道井交房前一定已事先完成砌筑，且严禁进行封闭或进行任何改造，以免影响整栋住宅建筑的排烟。在室内勘察时，进入厨房找寻烟道井，首先找到存在的空心柱，观察空心柱各面靠近顶面的部分，如发现直径超出15cm的圆形开洞或者洞形画线标定，则可确认该管井即厨房的烟道井。该圆形开洞即日后装修完成，用于连接脱排油烟机的烟管道。（图3-24）

住宅户内的管位与坑位均需按照实际情况反映到平面图纸上，以便于结合室内设计规划管井的尺寸，确定灶具、洁具、电器的安

图3-19　毛坯卫生间位于墙角的排水管道

图3-20　装修后卫生间管井的形式效果

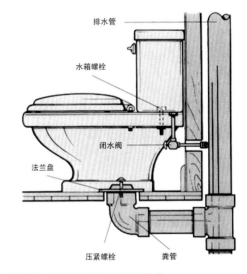

排水管

水箱螺栓

闭水阀

法兰盘

压紧螺栓　　粪管

图3-21　马桶与坑管的安装剖面结构

图3-22　卫生间常规给排水管道布设

图3-23 卫生间同层排水系统管道布设

图3-24 厨房的管井及管道

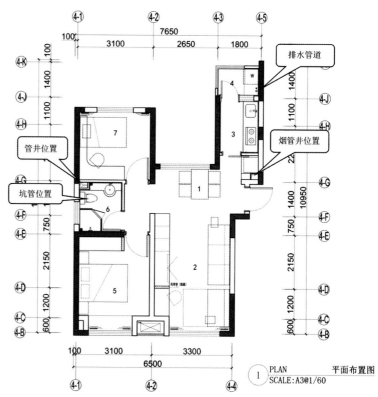

图3-25 平面布局图中管井及坑管位置

装位置以开展平面布局设计。（图 3-25）

三、室内供电

  无论什么样的功能空间，电是不可或缺的。生活中的电有强电与弱电之分。强电一般在 24V 以上。如环境中的电灯、插座等，电压在 110V ~ 220V。电气设备中的冰箱、电视机均为强电。弱电一般是指直流电路或音频、视频、网络线路，一般在 32V 以内。电器中的电话讯号、电脑无线网络讯号、电视机的信号输入的线路、音响设备的音频输出端线路等用电器均为弱电电气设备。强电和弱电均从城市供电及讯号系统接入室内，室内的终端即电箱。强弱电箱需严格区分，通常强电箱位于离地高度 1.8m 的嵌入墙面；弱电箱则位于离地约 0.35m 的高度嵌入墙面。

  从图中可以观察到（图 3-26 ~ 图 3-28），强弱电箱均带有可开启的门，强电

箱内部紧密排列了控制开关，过去被称作"电闸"。每个控制开关所连线的是各路电线，因电线有一定的载电量限制，每一个电路回路所承载的用电设备是有限的，按照使用逻辑来串联用电设备，最终将各股电路接入强电箱的各电闸开关，所有的分支电闸开关还有总闸来集中控制。这种用电系统的设置优势在商用空间中体现较为明显，在商业空间，如专卖店或展示中心等，客户或参观者进入这类公共空间，通常看不到照明控制开关。商业空间的电源控制均由电闸开关直接控制各回路照明，而电箱盒往往位于后方内部工作区域——客户或参观者无法进入的区域。

  住宅空间则区别于商业空间，各电源回路先串联到开关面板，再经由开关面板电路汇入墙中的电箱内。在住宅空间，通常较少通过电箱控制电路，而是通过各区域就近的电源开关来控制照明回路。亦有部分设备必须使用电箱电闸控制，即不方便插拔电源的设备，如空调、冰箱、洗衣机等。且通常来讲其中冰箱适宜单设一个控制回路，安全起见，出差无人的居住空间，可以切断空间中的其他电源以节省用电量，但冰箱因其食品保鲜储藏的功能，则多数情况下需保持通电运作。这就讲求人性化的照明回路设计，所遵循的原则是：首先要考虑照明的分门别类；其次要考虑回路的荷载；最后则要以方便控制及使用为依据。

图3-26　强电箱控制开关排列情况

图3-27　墙面强、弱电箱位置布设

图3-28　弱电箱内网络线布设情况

第四节　室内测绘

一、测绘准备

室内空间测绘是室内设计的第一步。设计者开始着手一项居住空间的规划，必须有精确的尺寸作为制图的依据，以上便完成了对既有数据的处理。学会空间测绘是室内设计开始的首要工作。空间尺寸的来源，有原建筑图及现场测量两种方式。对于缺少电子文件建筑图纸的项目，需要进行现场实测。空间测绘的工作主要是为了通过实际尺寸的精准测量，将户型落实到图纸上，为后面开展设计、绘制施工图做准备。现场测量所需要准备的工具是：绘图板、A4白纸、绘图笔、5m卷尺，如条件允许另备激光测距仪（图3-29）。

在测绘开始前，要了解空间的类型与结构、朝向与组成及水电煤管路等，所以进入室内不急于测量，应先完成以上内容的勘察，运用建筑学基础知识结合柱网图，绘制出空间平面手稿，再着手准备测量。（图3-30）

二、测量方法

测量者从空间入口处开始测量，顺时针走动到起始点闭合。避免东一下西一下地来回跑动测量，容易漏尺寸。对每个功能区的各面进行测量时，需要如实测量各面上的门窗尺寸及定位，要特别注意柱与柱之间、梁高、门面、包柱等部位的尺寸（图3-31）。如果某些空间界面交角不成直角，还应测量其角度大小。细部尺寸测量包括门

(1) 观察建筑的柱网图，划定框架。
(2) 完成细节部分（卫生间孔位图、梁柱图、开门等楼梯的走向级数图）。

图3-30　测量前的户型绘制手稿

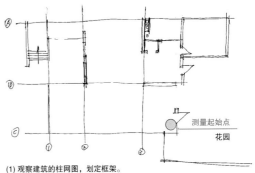

图3-29　测量准备工具

图3-31 墙体与结构的测量

图3-32 管路与电位的测量

图3-33 卫生间坑管坑距测量

面的宽度和高度以及位置尺寸的测量，管道外包墙体尺寸、裸露管道尺寸的测量，卫生间下水口、排污口位置和尺寸的测量等（图3-32、图3-33）。层高、横梁的位置和尺寸常会出现测绘忽略与遗漏。在毛坯房的测绘过程中，通常所测的层高即地面到顶面楼板底部的净高。横梁所处的位置和尺寸会直接影响到平面的布局、吊顶的高低、造型结构和立面的装饰处理。因此，测量时不能忽视对横梁的测量，以免设计出错。有原始建筑图最好对照建筑图核对。有条件的可以借助手机摄影功能跟随户型拍摄，并对一些特别注意之处用语音提示强调下。

三、测量步骤

A．现场以素描方式绘出平面简图，阳台部分要一并画出并纳入测量范围。标明门、窗、柱、管道间、梁等位置。

B．准确丈量每一处之尺寸，并标注于简图中。

C．画出简单的立面图。

D．将窗台高度、窗高、梁高、梁深及屋高尺寸加以标注。

E．标注给排水、电表箱、煤气管道、配电插座、开关、灯口及消防等设备。

F．标注出口位置。

G．观察建筑物结构并将柱、剪力墙、砖墙、轻质隔墙等注明于简图中。

H．观察建筑物之室外环境、方位、景观与邻近建筑物的关系并记录下来。

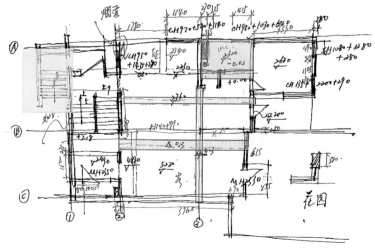

(1) 观察建筑的柱网图，划定框架。
(2) 完成细节部分（卫生间孔位图、梁柱图、开门等楼梯的走向级数图）。

图3-34 测绘过程尺寸记录手稿

Ⅰ.若为旧宅翻新之案例,将原有并需要留用的家具、设备等以草图绘出并注明尺寸,需标明材质、色彩及细部收头等。

注意一些特殊重要的点位。如强电箱、弱电箱、楼梯口、卫生间排水排污管孔位等在测绘图纸上要标示清楚。同时观察下空调外机和空气能热水器等设备外机在户外的安装位置,在图纸上标记。按照从外到里环绕一圈的测量方式,依次在手绘平面图稿上将尺寸一一标明。(图3-34、图3-35)

四、图纸绘制

完成手绘测量纸稿后,在已设定好的CAD设计界面中,于零图层按测量尺寸完成户型的CAD图纸绘制。再将不同属性的内容归入相应的图层设置。单独设置结构图层,将梁结构对应平面的位置完成绘制,以便设计过程中实时参考(图3-36)。

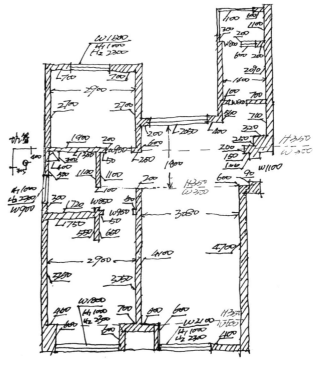

图3-35 复核完整的测量手绘尺寸图稿件

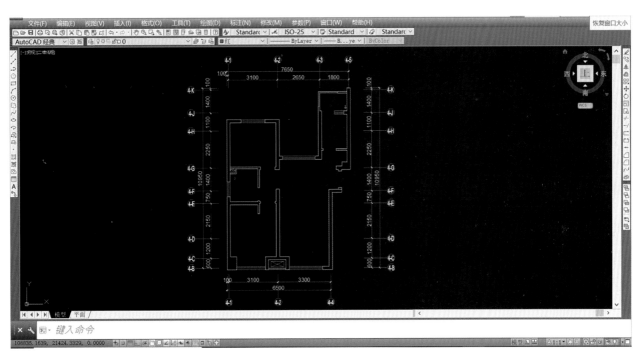

图3-36 根据手绘测量稿完成的建筑平面图

第四章 空间与尺度认知

第四章　空间与尺度认知

空间不是独立存在的，好的室内设计作品是多方面因素的集结。形式追随功能，如何处理空间、功能、装饰、色彩之间的关系，在这个设计发展日新月异的时代，值得我们去探讨。空间的组成是千变万化的，它随着基地空间的自然条件、功能以及业主、设计师的出发点的变化而改变。而且，同一个基地空间、同样的功能需求，同一个设计师能够给出多种空间组成的方案。在最终的方案取舍过程中，需要花费大量的时间，甚至任何一个空间组成形式都无法用对错来评判。这对于一个设计师来说，需要其具备良好的空间设计能力，才能主持一个项目的设计。然而万变不离其宗，首先需要掌握空间的基本属性。

第一节　空间的基本属性

最基本的室内空间是由面围合而成的，一个完整、方正的空间，我们把它看作一个盒子，盒子的底部与上盖分别对应空间的基面与顶面，而盒子一圈四个面则是垂直面（图4-1）。室内空间的构成形式多种多样，就室内空间的构成要素而言，其基本构成无非是由基面、垂直面和顶面构成的围合空间。通过对这三个面的不同处理，能使室内环境产生多种变化，空间丰富多彩、层次分明、重点突出，或使室内空间具有某种特性，形成特定的环境气氛。

一、基面

基面通常是室内空间的底面，即地面。在一般情况下，基面均为水平面，即所谓水平基面。水平基面的轮廓越清楚，它所划定的基面范围就越明确。为了在一个大的空间范围内划分出一个被人感知的界面，必须从质地、色彩等方面加以改变。如在一个大的起居空间里用和地面色彩不同的地毯或其他材料划出一块会客谈话的空间（图4-2）。有时为了在某一空间中形成某种特殊的空间感受，或为了使不同的基面标高平和过渡，可将水平基面中部分基面做抬高或降低处理，从而形成所谓抬高基面或降低基面。抬高基面和降低基面的空间设计手法往往都是为了在室内空间范围里创造一个富于变化的空间领域，也是空间分隔的重要方法（图4-3）。

二、垂直面

空间中的垂直面一般多指墙面。空间的墙体在我们视野中最为活跃，它一方面限定

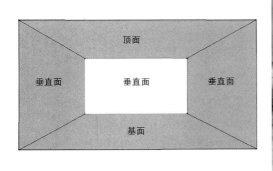

图4-1　空间的基面、垂直面及顶面

图4-2　以地毯将地面划分出会客区域

图4-3　基面的高差空间分为不同的区域

图4-4　空间中垂直线条排列形成的垂直面

图4-5　墙面开窗与毗邻空间形成视觉的贯穿

空间的形体，另一方面给人提供强烈的围合空间之感。墙面作为空间的侧界面，其对人的视觉影响至关重要。在墙面处理中，其垂直面开敞程度不同，对控制室内环境空间的视觉感受和空间的连续性以及对调节约束室内光线等方面均起着重要的作用。

　　垂直面是由线和线连续而成的，一个垂直线要素可以限定空间形体的垂直边缘（图4-4）。中国式的亭子、长廊是由线形构成的空间，给人以视觉的流动和延伸。垂直面明确表达它围合的空间，其高度不同，产生的围护感和程度也不同。墙体越高，其空间围合感也越强。两个成角的垂直面，可以派生出一个从转角处沿其对角线向外延伸的静态空间。如室内两墙交界的转角处通常放一组转角沙发，形成静态空间。四个垂直面所围合的范围，具有明确的限定围合感，其空间是封闭的、内向的。

　　墙面为实，门窗为虚。在墙面上开一些洞口，能起到和邻接空间

图4-6　顶面天花的造型营造的空间氛围

图4-7　暴露顶部结构的空间设计

产生连续感的效果。至于所开洞口的大小、位置和数量，可以不同程度地改变空间的虚实对比和围合感，同时，与相邻空间之间也增加了连续感和流动感（图4-5）。

三、顶面

　　室内空间的顶面，一般称之为天花。天花作为空间的顶界面，可限定其本身和地面之间的空间范围。有些空间，单纯用墙或柱很难明确限定空间的形状、范围以及各部分空间之间的关系，但通过天花的处理则可使这些关系明确起来。另外，通过天花处理还可达到建立室内秩序、克服凌乱

感、分清主次、突出重点等多种目的。顶面根据使用情况可改变空间的尺度和突出主题，以取得丰富室内空间的效果（图4-6）。顶面的高低直接影响着人们的感受：顶面太低感到压抑，太高又显得空旷。所以根据室内活动所需要的感受，来调整室内局部空间的高度。一般情况下，应当尽可能和建筑结构巧妙地结合起来。例如，在很多传统的建筑空间中，天花的处理多是在梁板结构的基础上进行美化加工并充分利用结构构件起到装饰作用。现代建筑构造所用的诸多新型结构轻盈美观，有的结构构件的组合本身就具备较为强烈的韵律感，这样的结构形式即使不加任何装饰处理，也可形成具有视觉质感的天花造型（图4-7）。

第二节　空间的类型

室内空间是由基面、垂直面及顶面围合而形成的。根据围合程度和围合方式，能形成各种不同类型的室内空间。空间类型或类别可以根据不同空间构成所具有的性质特点来加以区分，以利于在设计组织空间时进行选择运用。

一、固定空间和可变空间

凡是使用功能明确、位置固定、相对独立、长久不变的空间称为固定空间。固定空间的特征是由若干个固定不变的界面围隔而成，具有明显的识别标志。可变空间则与此相反，没有固定不变的分隔界面。可变空间为了能适应不同使用功能而需随时改变其空间形式，因此常采用灵活可变的分隔方式，如折叠门、可开闭的隔断、活动墙等（图4-8）。

二、开敞空间和封闭空间

室内空间类型可以反映室内空间经设计组合后形成的开放程度。由室内空间界面严密围合形成的空间，是封闭空间。四周界面、顶面内开有少量小面积的通向外界的门窗，也属于封闭空间。开敞空间与封闭空间是相对而言的，是围合程度上的区别。一个完整的盒子，对应空间的类型被称作封闭空间，比如储物室、设备房这类的黑房间；当于盒子上进行开孔，或割掉一个面时，它的密封性被破坏了，内部逐渐被暴露出来（图4-9）。对应于空间，如果立面上有开窗，常见的如卧室、卫生间等空间，相对于储物室等空间，这类空间是相对开放的。开窗面越大，开放性则越强；缺失面的空间，如客厅、办公室、酒店的接待区，这类空间往往四个面有不同程度的缺失，为通往其他功能区域提供开口，这样的空间称之为开放型空间。开放型空间因提供了通往其他功能的可能性，其往往处在入口的位置。

开敞空间是外向性的，限定度和私密性较小，强调与周围环境的交流、渗透，讲究对景、借景与大自然或周围空间的融合。与同样面积的封闭空间相比，要显得更大，心理效果表现为开朗、活跃，性格是接纳性的。开敞空间经常作为室内外的过渡空间，有一定的流动性和很高的趣味性，设计形式多样。开敞空间由于引入了环境景观和极大加强了通风采光使室内室外空间融于一体，人在室内，宛如置身大自然中，既具有室内遮阳避雨、悠闲自得的舒适感受，又与自然环境亲近，身心均得到较好享受。

图4-8　活动隔断区的可变空间

要在开敞的室内空间既免除夏日的炎热，又不受严冬的寒气侵袭，达到夏凉冬暖的目的，设计师就为开敞的室内建筑加上玻璃幕墙或玻璃推拉门，并在室内安装空调。开敞空间的借景优势不变，而室内空气则可按舒适要求科学调整。如嫌开敞的室内空间太过透明，为免除人在室内有"无地自容"的感觉，也可在开敞界面的一半宽度或上半高度处做开敞处理，从而形成"半开敞空间"。这样，另一半宽度的界面或剩下的下半部分界面仍然做实墙处理。这部分实墙，就如同"最后一道防线"一样，起着保护室内隐私的作用。有时为了免除开敞空间内外强烈的光差对比形成的刺眼眩光，也需要留下部分实墙遮光。

封闭空间的性格是内向的、拒绝性的，具有很强的领域感、安全性和私密性，与周围环境的流动性极差。封闭空间常见于卧室和书房，是一种私密性要求较高的空间形式。在封闭空间内，由于界面围合程度高，室内空间形成与外界的分隔，心理上安全感较多，且能保持安静、不受干扰，室内活动也不干扰别人，有很高的私密性。但封闭空间中因空间闭塞、不流畅，使人心理上感到沉闷。时间长了还会使人感觉孤独、寂寞甚至恐慌。封闭空间因室内空气不能流动和更新，室内有害气体不能及时排出，对人身体极为不利。设计时为了既保留封闭空间安全、无干扰、私密性强的优点，又能消除或减轻封闭空间的弱点，在围合界面上选择有利方位，适当地扩大开门开窗的洞口面积，使室外景观、气息与清风能够渗透进来，用以调节人的视觉和感受，改善室内空气质量，同时也是克服封闭空间闭塞、沉闷等缺点的较好办法。大部分的居室、办公室均采取此类型空间。

开敞型空间提供给人较大的活动范围，具有功能多元、资源共享的属性。商业空间通常以开放型空间居多，如餐饮空间，开放

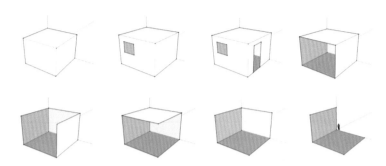

图4-9 "盒子"空间由私密到开放的演变过程图

图4-10 对称的空间布局呈现出宁静的氛围（摩洛哥安缦酒店）

的用餐区往往比厨房、包房空间占更大比重；服装店的开放购物区比储物房、试衣间大得多。而私密型的空间则具有功能固定、私人的属性。如住宅空间的卧室，即提供给所属人就寝的空间。住宅通常因其面积的限制、功能的需求，其私密空间占据更大的比重，客厅成为其主要连接私密空间的开放型空间。

三、静态空间和动态空间

静态空间一般来说形式比较稳定，常采用对称或垂直水平界面围合，空间比较封闭，限定性强，构成比较单一，视觉常被引导在一个方位或落在一个点上，空间常表现得非常清晰，一目了然（图4-10）。动态空间，或称为流动空间，往往具有空间的开敞性和视觉的导向性的特点。界面特别是曲面组织具有连续性和节奏感，空间构成形式富于变化，常使视线从这一点转向那一点，视线转换平和。动态空间的运动感既存在于塑造空间形象的运动性之上，如斜线、连续曲线等；更存在于组织空间的节律性之中，如锯齿形式或规律重复，使视觉始终处于不停的流动状态（图4-11）。

四、虚拟空间和虚幻空间

虚拟空间是指在已界定的空间内，迈过界面的局部变化而再次限定的空间。由于缺乏较强的限定度，仅依靠联想或视觉感知来划分空间，所以也称为"心理空间"。例如局部升高或降低地坪、天棚，或以不同材质、色彩、光影变化来限定空间（图4-12）。虚幻空间是用室内镜面反射的原理，把人们的视线带到镜面背后的虚幻空间中去，于是产生空间扩大的视觉效果。有时，还可利用几块镜面的折射，把原来平面的物体映射成立体空间的幻觉。因此，室内特别狭小的空间，常利用镜面来扩大空间感，并通过镜面的幻觉装饰丰富室内景观。除镜面玻璃外，有时也用有一定景深的大幅画面，把人们的视线引向远方，造成空间深远的意象（图4-13、图4-14）。

图4-11 空间曲面造型营造的动感氛围（扎哈·哈迪德 北京新光天地专卖店）

图4-13 镜面天花营造的虚幻空间效果

图4-12 光影营造的多个层次的虚拟空间

图4-14 顶面壁画所形成的虚幻空间

基于上述空间的基本类型特征，往往在一个项目中，存在着多种空间手法的运用。同时项目的实际情况也受到各种内外界因素的影响，一个成功的室内空间设计项目的背后，往往有着许多不为人知的艰难。越是条件苛刻，则对空间设计师意味着越大的挑战。通过实际项目考察以及与设计师的交谈，从中了解到项目的空间设计成果以及空间设计的各类影响因素。笔者通过这些优秀的案例分析，对空间的组成进行分析、对空间设计影响因素加以总结，以启发室内空间灵活搭建的创新设计思维教学。

第三节 室内空间尺度

一、人体工程学的含义和发展

人体工程学是探讨人与环境尺度关系的一门学科。通过对人自身生理、心理的认识，并将尺度关系知识应用在环境功能的设计中，从而使环境符合人类的行为活动需求。室内空间设计的人体工程尺度应用无处不在，它是室内设计的重要依据。人体工程学和环境心理学都是近些年发展起来的新兴综合性学科。现代室内环境设计日益重视人、物和环境间以人为主体的具有科学依据的协调。因此，室内环境设计除了依然十分重视视觉环境的设计外，对物理环境、生理环境以及心理环境的研究和设计也予以高度重视，并开始运用到设计实践中去。

人体工程学（Human Engineering）起源于欧美，原先是在工业社会中，开始大量生产和使用机械设施的情况下，探求人与机械之间的协调关系，作为独立学科已有40多年的历史。第二次世界大战中的军事科学技术，开始运用人体工程学的原理和方法，在坦克、飞机的内舱设计中，使人在舱内有效操作并尽可能使人长时间地在小空间内减少疲劳，即处理好人—机—环境的协调关系。第二次世界大战后，各国把人体工程学的实践和研究成果，迅速有效地运用到空间技术、工业生产、建筑及室内设计中去，1960年创建了国际人体工程学协会。

当今，社会发展向后工业社会与信息社会过渡，重视"以人为本"、为人服务，人体工程学强调从人自身出发，在以人为主体的前提下研究人衣、食、住、行以及一切生活、生产活动中综合分析的新思路。日本千叶大学小原教授认为："人体工程学是探知人体的工作能力及其极限，从而使人们所从事的工作趋向适应人体解剖学、生理学、心理学的各种特征。"人体工程学联系到室内设计，其含义为：以人为主体，运用人体、生理、心理计测等手段和方法，研究人体结构、功能、心理、力学等方面与室内环境之间的合理协调关系，以符合人的身心活动要求，取得最佳的使用效能，其目标应是创建安全、健康、高效能和舒适的室内环境。

二、人体工程学的基础数据

人体工程学的基础数据主要有三个方面，即有关人体构造、人体尺度以及人体的动作域等的有关数据。

人体构造：与人体工程学关系最紧密的是运动系统中的骨骼、关节和肌肉，这三部分在神经系统支配下，使人体各部分完成一系列的运动。骨骼由颅骨、躯干骨、四肢骨三部分组成，脊柱可完成多种运动，是人体的支柱，关节起到骨间连接且能活动的作用，肌肉中的骨骼肌受神经系统指挥收缩或舒张，使人体各部分协调动作。

人体尺度：人体尺度是人体工程学研究的最基本的数据之一。室内设计时人体尺度具体数据尺寸的选用，应考虑在不同空间与围护的状态下，人们动作和活动的安全，以及对大多数人的适宜尺寸，并强调其中以安全为前提。例如，对门洞高度、楼梯通行净高、栏杆扶手高度等，应取男性人体高度的上限，并适当加以人体动态时的余量进行设计；对踏步高度、上搁板或挂钩高度等，应按女性人体的平均高度进行设计。

人体动作域：人们在室内各种工作和生活活动范围的大小，即动作域，它是确定室内空间尺度的重要依据之一。以各种方法测定的人体动作域，也是人体工程学研究的基础数据。如果说人体尺度是静态的、相对固定的数据，人体动作域的尺度则为动态的，其动态尺度与活动情景状态有关（图4-15～图4-17）。

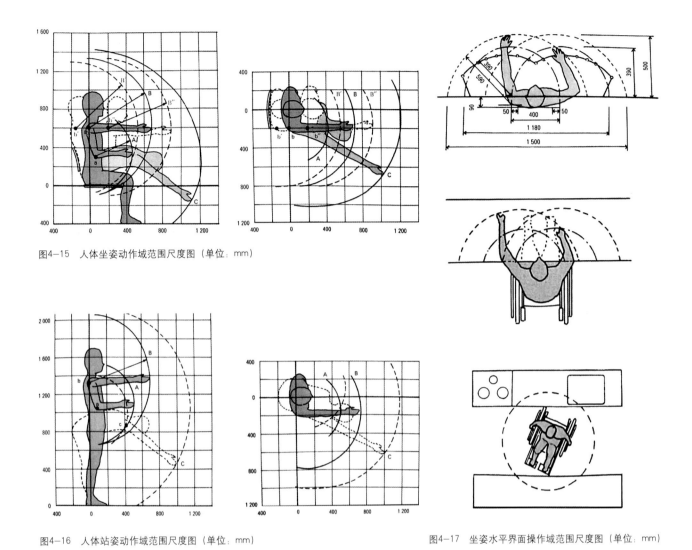

图4-15 人体坐姿动作域范围尺度图（单位：mm）

图4-16 人体站姿动作域范围尺度图（单位：mm）

图4-17 坐姿水平界面操作域范围尺度图（单位：mm）

第四节 人体工程学在室内设计中的应用

人体工程学在室内环境设计中的应用主要作为确定人在室内活动所需空间、确定家具及设施的形体尺度及其使用范围的主要依据。根据人体工程学中的有关计测数据，从人的尺度、动作域、心理空间以及人际交往的空间等，确定空间范围；家具设施为人所使用，因此它们的形体、尺度必须以人体尺度为主要依据。同时，人们为了使用这些家具和设施，其周围必须留有活动和使用的最小余地，这些要求都由人体工程学科学地予以解决。室内空间越小，停留时间越长，对这方面内容测试的要求也越高，例如车厢、船舱、机舱等交通工具内部空间的设计。日常生活中人大部分的时间用于从事居家及办公活动。对于居住空间而言，在厨房、卫生间及卧室这三个区域的人体尺度有着清晰的规范。空间的尺寸决定了户型的面积，通常空间尺寸的合理性以人的活动为依据。

一、厨房空间与尺度

民以食为天，厨房是居家烹饪活动的功能区域，是家居中不可或缺的生活空间。特别是现代化的厨房，小小的空间里，凝聚了人们对烹饪美食、享受高品质生活的不懈追求，既要操作起来方便顺手，还要漂亮整洁有格调。厨房通常由储存区、洗涤区、加工区、烹饪区、备餐区这几个部分组成，其在厨房布局上，根据空间尺度有机合理组合（图4-18）。烹饪活动与准备区和洗涤区

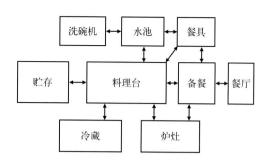

图4-18 厨房功能布局原则

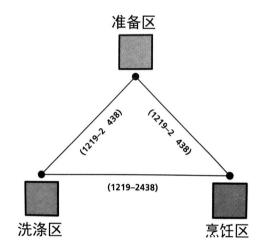

图4-19 厨房功能区之间的尺度距离范围（单位：mm）

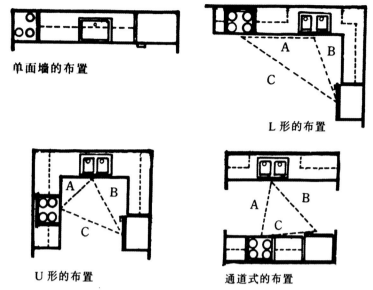

图4-20 不同布局厨房的空间尺度（3660mm≤A+B+C≤6710mm）

之间存在着流线尺度的三角关系。准备区即从冰箱内取出食材加以处理；而后移动到洗涤区进行清洗；再于操作台切配加工后，于烹饪区进行烹煮。三个操作区域之间根据活动需设置合适的尺度距离，不能拥挤的同时，实现便利的烹饪操作（图4-19）。厨房的布局受限于建筑结构，结合个人的使用和生活习惯，常见的厨房布局有I形、L形、H形及U形（图4-20）。I形厨房，也叫一字形厨房，常见于公寓，这类厨房的工作流程完全在一条直线上进行，总长一般控制在4m以内，才能有精巧、便捷的使用效果，如果厨房过于狭长，应合理利用墙壁挂件和吊柜，提高操作效率。如果厨房空间长而窄，带双门，一般采用双一形也称H形的布局，充分利用两侧的空间。L形厨房，是在一字形厨房的基础上，在转角处增加短边，操作时移动较小，又节省空间，是目前

居住套型中，最常见的厨房布局。U形厨房，它的动线较为合理，操作效率高，洗切炒可以轻松实现，三角形工作区域，多人共同操作时，可以在两侧同时进行，互不打扰。细节设计上则要注意两个直角处形成的封闭空间，需要加以巧妙设计利用，成为优秀的储物空间。

往往大面积的厨房中间可设有中岛台以增加厨房的功能。中岛型厨房具有宽大的备餐操作平台，除了可以多人协作，岛台的下方也增加了大量的贮藏空间。现代住宅，不只有大户型、大厨房才能使用岛台，越来越多的家庭选择了餐厨一体的开放式厨房，在这种开放连贯的格局中，岛台作为中介，既不影响视野的通透，又能清楚地划分各自使用的区域。岛台也具有复合性功能，除了做备餐台、料理台或者餐桌外，还可安装水槽、电磁炉，简单地煮开水、冲咖啡，或者制作轻食早午餐，轻松方便也易于清理。大面积的现代住宅由于空间富足，还会出现中西式分开的两个厨房的设计。中式厨房以封闭独立空间较常见，亦有与餐厅结合的开放式厨房（图4-21）。独立的厨房其过道通常为800mm～1000mm的尺度以满足日常操作需求；开放式厨房考虑烹饪操作的同时，亦须同时兼顾用餐活动的尺度，操作台及就餐区双向功能的过道宽度应大于单向功能的过道。

厨房的第二个设计要点就是高效收纳，比起客厅，厨房里需要收纳的物品属于中小尺寸，数量较多，在不影响烹饪时的操作便利、光线照明、动线流畅与用餐情境的前提下，每一侧的立面都应该物善其用，陈列最适当的收纳柜体——岛柜、家电柜、角柜、酒柜。厨房的收纳基本由橱柜、挂钩、置物架三类组成。橱柜主要分

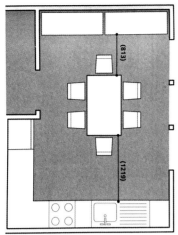

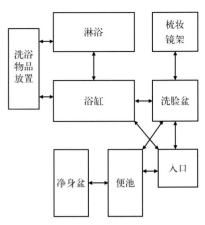

图4-21　厨房与餐厅结合的空间基础尺度　　　图4-22　基于人体工程学尺度的合理橱柜收纳系统　　　图4-23　卫生间的功能组成

为上方吊柜和下方地柜。吊柜因其较高的位置，以往多储藏不常用的厨房物品。但随着科技发展，现代化的吊柜可以通过红外线控制实现触碰与升降，满足了日常烹饪过程中，方便使用者随时取放物品的需求。吊柜尽量选择平移上翻门等，避免磕碰，按压自动或电动无拉手滑轨、铰链也是新的趋势。现代化的橱柜设计还使用各种抽屉或拉篮，减少平开门的数量，抽屉可以轻松打开，内部的物件通过尺度分割进行分类，所有品类一览无余并实现整齐摆放。处于地柜下半部分的橱柜多以高门抽屉柜为主，进行厨房较大尺寸物品如锅、盖、盘等物品的储存，高门板的抽屉、拉篮避免了过度弯腰和下蹲，降低操作疲劳。（图4-22）

二、卫生间空间与尺度

卫生间的基本功能组成包括洗漱区、如厕区及洗浴区三大活动区域。洗漱区包括洗手台盆和梳妆、收纳镜柜；如厕区即坐便器区域，在一些西方家庭还会设净身盆。自智能马桶盖及坐便器的普及以来，净身盆区域的设置越来越少见；洗浴区包括淋浴区及浴缸区域（图4-23）。在经济型住宅中通常仅设有淋浴区，淋浴对卫生间的尺度要求相对较低。浴缸则需要卫生间满足一定的尺度大小，过小的卫生间不适合设置浴缸。对于比较宽敞的大尺度卫生间，还会同时设置淋浴及浴缸。卫浴间的规划布局要合理。洗漱区、沐浴区和如厕区，应注意洁污分离、动静分离、干湿分离。如何做到干湿分离呢？最简单的方法是安装淋浴房把洗浴单独分出去，如果空间狭小，也可以安装玻璃隔断、推拉门、浴帘来遮挡洗浴时溅出的水花。相对人口较多的家庭，可以把洗漱区的台盆独立出来，这种干湿分离设计，能够提高卫浴间的使用效

率。为了进一步提升卫生间的使用效率，还会出现三个区域完全独立开的三分离式卫生间，让三种功能在同时使用时不互相干扰。设置两个卫生间的舒适型现代居住空间，往往一个作为公用卫生间供家庭成员和来访的客人使用，另一个则通常与主卧形成套房，成为主人的专用卫浴间，私密性较强。两者的使用重点不一样，但干爽整洁是最基本的要求。

为了使用的舒适性，不论经济型还是舒适型的卫浴空间，都要满足合理的人体尺度。卫生间常规台盆柜的标准宽度为500mm～600mm，长度以不小于800mm为宜；家用马桶以坐式为例，如厕区左右面宽不小于800mm，前后空间深度不小于1400mm；洗浴区常见的设施分为浴缸和淋浴房两种，长方形浴缸规格通常在1400mm～1700mm的范围内，除长方形外，亦有圆形、扇形浴缸产品；淋浴房常见造型有方形、长方形、扇形（四分之一圆）及钻石形。通常正方形、扇形及钻石形淋浴房其直线边长度不小于1000mm；长方形淋浴房其宽度不宜小于800mm。卫生间通常的配置形式分为仅配备洗漱区和如厕区的公卫或化妆间；较常见的配置则包含洗漱区、如厕区及洗浴区。根据区域配置不同布局的卫生间，有其根据

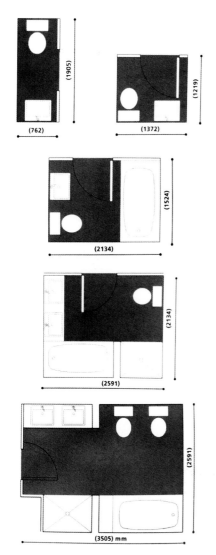

图4-24 卫生间的空间基础尺度

图4-25 为老年人设计的无障碍设施卫生间

人体工程学的基础尺度，这是合理进行卫浴空间设计的前提（图4-24）。

设计师设计卫生间时，还需要关注家庭中的老人和孩子的需求，重视细节的人性化设计（图4-25）。比如说进出卫浴间的门槛，应该做平，或者安装无障碍坡道，避免人绊倒受伤。浴区和马桶旁安装扶手，铺设防滑垫，保障老人的安全，还有儿童的专用坐便器，培养孩子良好的卫生习惯。根据需求，在处理一些卫生间的收纳系统设计时，也要考虑合理的人体尺度，让老年人能够轻松取放，如果涉及具有一定危险性的清洁类化学用品也要考虑其取放尺度，避免让孩子误碰。

三、卧室空间与尺度

卧室是居家环境就寝的功能区域。营造舒适安静的就寝环境是卧室设计考虑的第一需求。以"床"为重点，展开设计就寝区、更衣区、梳妆区及休闲区等。就寝区一般包括床及床头柜；更衣区最常见的便是衣柜，单独的卧室往往配有衣柜。而大空间的卧室则会出现带衣帽间的套房。所收纳的物品不仅限于衣服，还包括使用者的鞋帽、箱包等各类东西；梳妆区可结合就寝区或者更衣区进行设计。在功能完备的卧室套房通常还设有配套卫生间，梳妆区也可以结合套房内卫浴空间进行设计；休闲区通常存在于较大卧室空间，如卧室中结合电视机区域设计成带有沙发的小休闲厅，或者结合阳台区域设计成可看书休息的空间。有些带有飘窗的卧室亦可利用飘窗台设计出小的休闲区域。除了上述卧室的功能区域外，有些卧室还会配备书房功能，一般尺度的卧室即选择在采光较好的位置摆放书桌椅为平时的学习或办公提供便利，空间宽敞的现代主卧套房中还会设有独立的书房，做到办公不被打扰的同时兼顾就寝空间的安静和独立。在现代板式住宅户型当中，卧室以南北朝向较为常见。床的摆放则以东西向为宜。床的摆放不宜正对着门，以防影响卧室的私密性。且床的位置与窗户应保持一定的距离，避免噪声、气流及风雨对就寝造成影响。

居家空间的卧室一般分为单人或双人卧室，卧室的尺度大小与床的尺寸密切相关。单人床通常宽度为900mm～1350mm不等；双人床宽度尺寸一般为1500mm或1800mm，亦有加大尺寸2000mm宽度双人床。长度方面单人床和双人床差异不大，长度范围为1900mm～2000mm，加大尺寸的双人床长度达2200mm。根据床的尺寸，其所需的卧室空间尺度要考虑人在空间中的活动（图4-26、图4-27），在有窗户的墙面需考虑150mm～200mm宽度的窗帘区域。作为设计师要全面考虑居住者的年龄、性别、性格特

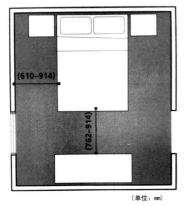

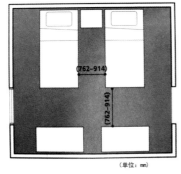

图4-26　1.8m双人床卧室布局的空间尺度范例　图4-27　单人床卧室布局的空间尺度范例

餐桌长度L=单人使用宽度W（660mm+/−）×用餐人数N

图4-28　直边餐桌的人体工程学尺寸

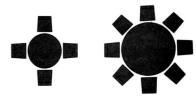

餐桌直径D=[单人使用宽度W（660mm+/−）×用餐人数N]/3.14

图4-29　圆形餐桌的人体工程学尺寸

点，才能设计出符合居住者需求的卧室空间。老人卧室可考虑无障碍设施与尺度设计；儿童卧房的设计要注意更多的细节，满足儿童身心的健康发展，除了休息睡眠，还要营造适宜学习和游戏的空间。

四、餐厅空间与尺度

餐厅是一日三餐进食的区域。对于餐厅，最重要的前提是使用方便。餐厅无论是放在何处，都应尽量靠近厨房，这样便于传递餐食。住宅的餐厅空间通常是相对独立的一部分，如果条件允许的话，最好是能单独设立一个餐厅空间。户型较小的情况通常无法设立一间完全独立的餐厅，现代经济型住宅空间通常将餐厅与客厅或是厨房连接，这样满足日常用餐功能的同时，让空间更整体开阔且具有共享的弹性。

餐桌是餐厅的功能主体，所以餐厅桌椅的选择非常重要。餐厅座椅根据大小所占宽度范围通常在350mm～550mm；餐厅餐桌常见的形状有方形和圆形两种，方桌边长850mm～1000mm；长方形餐桌边长1200mm～1600mm，宽度700mm～850mm；圆桌根据座位数量，其直径有所差异。4人圆桌直径900mm，6人圆桌直径1100mm，8人圆桌直径1300mm，10人圆桌直径1500mm，12人圆桌直径1800mm。以上是较通用常见的餐桌尺寸，设计师亦可根据空间的实际尺寸，结合人体工程学的尺度标准，对餐桌的尺度进行量身定制（图4-28、图4-29）。同时在进行餐厅空间划分的过程当中，应结合使用者的家庭人员组成，给予合理的空间尺度配置（图4-30、图4-31），根据空间的长宽比例选择适合空间的桌形，除了方桌、长桌和圆桌外，还有椭圆形、多边形等其他餐桌形状。无论使用何种形状的餐桌，均可通过人体工程学的尺度原理对餐桌的尺寸进行计算与设计。餐厅设计过程中，应该注重实用

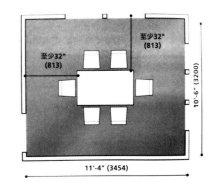

图4-30　长桌餐厅的空间尺度关系

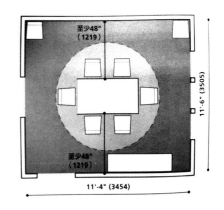

图4-31　6人圆桌餐厅的空间尺度关系

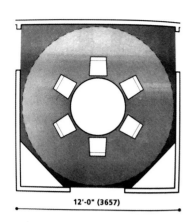

图4-32 带备餐功能的餐厅空间尺度关系

图4-33 L形布局的客厅

和效果的结合，要与日常的生活习惯、个人爱好相吻合。同时在餐厅区域，除了必备的餐桌和餐椅之外，还可以配置餐柜构成备餐区域，并用于储放餐具、饮料酒水以及一些就餐辅助物品，这样使用起来更加方便（图4-32）。

五、客厅空间与尺度

客厅也称起居室。起居室作为家庭生活活动区域之一，具有多方面的功能，它既是全家活动娱乐、休闲团聚的场所，又是接待客人、对外联系交往的社交活动空间。客厅成为住宅的中心空间和对外的一个窗口，因此客厅占据了整个户型中相对较大的空间。同时，要求有较为充足的采光和合理的照明。作为整间住宅的中心，客厅值得人们更多关注。因此，客厅往往被主人列为重中之重而精心设计，以充分体现主人的品位和意境。无论住宅面积大小，客厅往往是格局最宽敞、采光最明亮、视野最开阔的区域，在功能分区确定的基础上，设计师应尽量破除零碎角落，展现方正、通透且开朗的视野背景，进一步提升生活质量，展现空间美学。

客厅要实用，就必须根据居住的需要，进行合理的功能分区。客厅的酒柜或橱子一

般贴墙壁摆放，如果家人看电视的时间非常多，便可以视听柜为客厅中心，来确定沙发的位置和走向。沙发一般面对大门或电视；如果不常看电视，客人又多，则完全可以将会客区作为客厅的中心。客厅区域划分可以采用"硬性划分"和"软性划分"两种办法。硬性划分是把空间分成相对封闭的几个区域来实现不同的功能，主要是通过隔断、家具的设置，从大空间中独立出一些小空间来；软性划分是用"暗示法"塑造空间，利用不同装修材料、装饰手法、特色家具、灯光造型等来划分。如通过吊顶从上部空间将会客区与就餐区划分开来，地面上也可以通过局部铺地毯等手段把不同的区域划分开来。家具的陈设方式可以分为两类——规则（对称）式和自由式。小空间的家具布置宜以集中为主，大空间则以分散为主。

客厅的家具应根据室内的活动和功能性质来布置，其中最基本的，也是最低限度的要求是设计包括茶几在内的一组休息及谈话使用的座位（一般为沙发），以及相应的诸如电视、音响、书报、音视频资料、饮料及用具等设备用品，其他要求就要根据起居室的单一或复杂程度，增添相应家具设备。多功能组合家具，能存放多种多样的物品，常为起居室所采用，整个起居室的家具布置应做到简洁大方，突出以谈话区为中心的重点，排除与起居室无关的一切家具，这样才能体现起居室的特点。一个房间的使用功能是否专一，在一定程度上是衡量生活水平高低的标志，并从其家具的布置上首先反映出来。起居室的家具布置形式很多，一般以长沙发为主，排成"L"形、"U"形或"H"形，并采用多座位与单座位相结合，以适合不同情况下人们的心理需要和个性要求（图4-33～图4-35）。

客厅沙发分为单人沙发和组合型沙发两大类。组合型沙发以I形、L形沙发最为常见。单人沙发，其长度为800mm～950mm，

图4-34 U形布局的客厅

图4-35 H形布局的客厅

于经济型的小客厅空间并不适合。不论采用何种方式的座位，均应布置得有利于彼此谈话的方便。一般采取谈话者双方正对坐或侧对坐为宜，这样使得谈话双方不费力。室内交通路线尽量绕过沙发区以避免对谈话区的各种干扰，门的位置宜偏于室内短边墙面或角隅，谈话区位于室内一角或尽端，以便有足够实墙面布置家具，形成一个相对完整的独立空间区域。沙发旁边通常配备角几或边几，其形状以方形、圆形较为常见，也会有多边形的款式。角几或边几高度通常在600mm左右，以方便枕手、打电话、写字、放台灯等。沙发所围合的中间区域还会配备茶几，用于摆放花卉、装饰品、书籍、茶具等。茶几有方形、长方形、圆形、椭圆形等多种形式，还会出现一些不规则形或者多个大小进行组合的形式。茶几的高度尺寸一般约为400mm，与沙发座面等高。其长宽根据空间大小通常在600mm～1200mm不等。茶几与沙发的摆放距离以350mm左右为宜。

客厅视听区的电视柜常见的有整体柜、高低柜或者只用独立的低柜。低柜则是处于电视机的下方，用于储放影音相关的物品。整体柜或高低柜有更大储物容量，通常结合书柜的功能整体设计，以满足客厅区域的休闲读书需求。亦可陈列装饰或收藏品以提升空间的艺术效果。柜体的深度通常为400mm左右。整体柜电视机采用嵌入式的设计与柜子融为一体，一般为固定墙面的形式；高低柜则是上下分柜体的形式，下柜体可直接落地，或者上下柜体均与背景墙面固定，电视机位于中间区域；低柜台面一般用于摆放电视机。客厅影音区电视也常采用挂墙式进行固定。不论采取何种方式，电视的安装高度为中心离地高度600mm～710mm。

深度为850mm～900mm；双人沙发其长度一般为1260mm～1500mm；三人位沙发长度一般为1750mm～1980mm；四人沙发长度约2320mm～2520mm。根据款式不同，长沙发深度通常在800mm～900mm。为了视觉比例的美学效果，一般沙发越长，坐深也相应加大。一些欧美进口家具尺度按照欧美人体尺度及住宅空间设计，对

第五节　住宅空间通用设施尺度规范

一、门的尺度

供人通行的门高度一般不低于2m，超过2.4m高度的门扇需额外加强结构，防止变形。如造型、通风、采光需要时，可在门上加腰窗；供车辆或设备通过的住宅车库门要根据具体情况决定，其高度宜较车辆或设备高出0.3m～0.5m，以免因车辆颠簸或搬运时碰撞门框；建筑内各种设备管井的检查门，因其非人经常通过的地方，一般上框高与普通门齐或更低。

一般住宅单扇入户门的宽度范围为0.9m～1m，户内门为0.8m～0.9m，厨房单扇门为0.8m左右，双扇门或多扇移门的门扇宽以0.6m～1m为宜。卫生间门宽相对较小，通常为0.7m～0.8m。管道井、设备检修门的宽度一般为0.6m。

二、窗的尺度

一般住宅建筑中窗的高度为1.5m左右，窗台高度为0.9m左右，窗顶距地面2.4m左右；公共区域窗台高度通常在1m以上，开向公共走道的窗扇其离地高度不应低于2m；窗户的高度由采光、通风、建筑外立面等因素决定。当窗台高度低于0.8m时，应采取防护措施，防止儿童攀爬发生危险，在住宅中常见的低窗即飘窗，如家中有幼儿则不宜将飘窗护栏拆除。

三、过道的尺度

住宅中通往辅助房间的过道净宽不应小于0.8m，通往卧室、起居室的过道净宽不宜小于1m；高层住宅的外走道和公共建筑的过道的净宽应大于1.2m，通常其两侧墙中距应达到1.5m～2.4m。过道的净高度应在2.2m以上，特别是平顶上还有下垂的烟感探头、喷淋设施时，为避免人手触摸应尽可能将天花抬高。过低的吊顶容易给人压抑感，长走道可通过立面上加以宽窄相间的变化处理、天花通过材质创造虚空间等手段，从视觉上避免空间的压抑与沉闷感。

四、阳台的尺度

阳台的栏杆高度在多层建筑中不应低于1m，高层建筑中则不应低于1.1m。一般高层建筑的阳台进行封闭时，要选择安全性高的钢化玻璃并带有防护膜，避免大风、大雨以及坠物伤人等诸多问题。

五、楼梯的尺度

住宅楼梯形式多样，有直梯、折梯、旋梯等。住宅空间中单人通行的梯段宽度一般应为0.8m～0.9m，一般的成品楼梯应该按照这个宽度设计；双人并行的梯段宽度一般应为1.1m～1.4m；三人通行的梯段宽度一般应为1.65m～2.1m。如更多的人流通行，则按每股人流增加0.55＋（0-0.15）m的宽度。楼梯应至少一侧设扶手，梯段净宽达三股人流时，应两侧设扶手；达四股人流时，应加设中间扶手。楼梯扶手的高度不小于0.9m。在住宅空间中，通常以考虑单人通行和双人通行的楼梯尺度为主。楼梯踏步的高度不宜大于0.21m，并不宜小于0.14m，各级踏步高度均应相同；楼梯的倾斜度一般以20°～45°为宜，以30°左右为佳。

「 第五章　环境心理与行为认知 」

第五章 环境心理与行为认知

人在室内环境中，其心理与行为尽管有个体之间的差异，但从总体上分析亦具有共性，仍然具有以相同或类似的方式做出反应的特点，这也正是我们进行设计的基础。从为人服务这一"功能的基石"出发，需要设计者设身处地、细致入微地为人们创造美好的室内环境。现代室内设计重视人体工程学、环境心理学、审美心理学等方面的研究，用以科学地、深入地了解人的行为心理对室内环境的设计要求。

第一节 环境心理与行为

一、领域性与人际距离

领域性原是动物在环境中为取得食物、繁衍生息等的一种适应生存的行为方式。人与动物在语言表达、理性思考、意志决策与社会性等方面有本质的区别，但人在室内环境中的生活、生产活动，总是力求其活动不被外界干扰或妨碍，在从事不同的活动时有其相应的生理和心理范围与领域。室内环境中个人空间要结合人际交流、接触时的距离尺度需求。人际接触根据不同的接触对象和不同的场合，在距离上各有差异。赫尔以动物的环境和行为研究经验为基础，提出了人际距离的概念，根据人际关系的密切程度、行为特征确定人际距离由近及远可分为密切距离、人体距离、社会距离、公众距离。对于不同民族、宗教信仰、性别、职业和文化程度等因素，人际距离有所不同（图5-1、图5-2）。

二、私密性与尽端趋向

私密性指空间范围内的视线、声音等方面的隔绝要求。日常生活中可观察到公交车座位选择、宿舍铺位选择的尽端趋向的实例。同样情况也可见于客人对餐厅餐桌座位的挑选，通常近门处及人流频繁通过处的座位不会被首先选择，餐厅中靠墙边的座位或人流很少的角落则更易被选中，由于在室内空间中形成更多的"尽端"，也就更符合客人就餐时"尽端趋向"的心理需求（图5-3）。

三、依托的安全感

生活在室内空间的人从心理感受角度，对空间要求并不是越开阔、越宽广越好。人们通常在大型室内空间中更愿意有所"依托"。在火车站和地铁车站的候车厅或站台上，人们并不较多地停留在空旷的地方，而是相对散落在厅内、站台上的柱子附近，在柱边人们感到有了"依托"，且适当与人流通道保持距离让人更具有安全感（图5-4）。

图5-1 母与子的亲密距离

图5-2 商务会议中人与人之间的合适距离

图5-3　靠墙边尽端的就餐座位更易被客人青睐

图5-4　候车空间依靠在柱子周围的人群

图5-5　社会环境中常见的从众心理现象

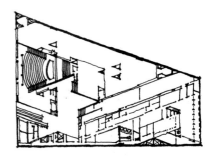

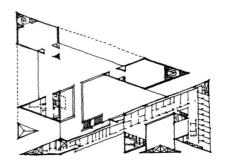

图5-6　华盛顿艺术馆东馆建筑模型

散口。当火灾现场烟雾开始弥漫时，人们无心注视标志及文字的内容，甚至对此缺乏信赖，往往是更为直觉地紧跟着领头群体，这便形成了整个人群的流向，该现象即从众心理（图5-5）。同时，人们在室内空间中流动时，具有从暗处往明亮处流动的趋向，紧急情况下语言引导会优于文字。上述心理和行为现象提示设计者在创造公共场所室内环境时，首先应注意空间与照明等的导向，标识文字的引导固然也很重要，但紧急情况下的心理与行为则需对空间、照明、音响等予以高度重视。

五、空间形状的心理感受

由各个界面围合而成的室内空间，其形状特征常会使活动于其中的人们产生不同的心理感受。建筑大师贝聿铭先生曾对他的作品——具有三角形斜向空间的华盛顿艺术馆东馆有很好的论述，他认为三角形、多灭点的斜向空间常给人以动态和富有变化的心理感受（图5-6）。

四、从众与趋光心理

从一些公共场所内发生的事故中观察到，紧急情况下人会盲目跟从人群中领头急速跑动的人的去向，不管其去向是不是安全疏

第二节 环境心理学在室内设计中的应用

一、室内环境设计应符合人们的行为模式和心理特征

现代大型商场的室内设计，顾客的购物行为已从单一的购物，发展为购物、游览、休闲、信息服务等行为。人们在购物时要求尽可能接近商品，亲手挑选比较，由此自选及开架布局的商场结合餐饮、娱乐、亲子等活动应运而生。

二、认知环境和心理行为模式对组织室内空间的提示

从环境中接受初始刺激的是感觉器官，评价环境或做出相应行为反应判断的是大脑，人对环境的认知是由感觉器官和大脑一起进行工作的。认知环境结合心理行为模式，设计者除了掌握使用功能、人体尺度等起始的设计依据，还得到关于组织空间、确定其尺度范围和形状、选择其光照和色调的启示。

三、室内环境设计应考虑使用者的个性与环境的相互关系

环境心理学既从总体上肯定人们对外界环境的认知有相同或类似的反应，同时也十分重视作为使用者的个性对环境设计提出的要求，充分理解使用者的行为与特性，在塑造环境时予以充分尊重，但也可以适当运用环境心理学知识改造环境使其对人的行为加以引导与约束，在设计中辩证地优化人的行为活动。

第三节 环境行为与空间功能的匹配关系

人对于空间的使用即人在空间中的行为活动。行为基于环境中的使用者，不同的空间环境所产生的空间行为各异。首先需要了解室内空间的类型。室内设计所涉及的空间类型常分为居住空间、办公空间及商业空间三大类。

一、居住空间

居住空间为人的日常起居活动提供场所。通过住宅基本功能与日常活动相对应，可以了解居住空间的功能模块。根据空间的大小、使用者的数量及类型可选择不同的功能模块组合。功能分为必要功能及改善型功能，空间也同样分为必备型与拓展型两类。小面积的居住空间提供必备的功能空间，为了营造更舒适的生活环境，小户型的室内设计思考方向落在如何将改善型功能巧妙融入必备型空间当中。"巧妙"的含义在于空间的有限不能因为功能的整合而局促，功能整合并不是多种功能的堆砌，而是如何通过行为活动分析实现一组设计的多功能利用。空间的多种可能性通常被称为"弹性"，空间弹性要同时考虑功能种类的近似与差异、功能使用时间段的固定性与机动性、功能的前承性与后继性、功能的独立性与交叉性等方面。功能种类的异同性通常以行为对功能提出的设施要求为判断依据。

不同功能所需要的设施是一样的，没有时间冲突，可以将其归为一类功能组团。如家人交流、接待宾客的活动可以在同一场所进行。

不同功能所需要的设施一样，有一定的时间冲突，则可以通过细节的设计处理使其他活动服从固定时间功能。如用餐和学习，通常一日三餐的时间是较固定的，学习与用餐时间，如何方便地转换功能状态是需要进行设计思考的。

当不同功能所需要的设施有所差异，活动有承继关系，亦可以通过设计来进行功能整合。如洗澡与洗衣，洗澡后将换下的衣物随即清洗是连贯性的动作。如何将洗衣功能与洗澡功能进行设计结合，提高生活效率亦是值得推敲的。

案例一：法国巴黎的 8m² 单身公寓（图5-7）。8m² 的空间尺度对于常规住宅来讲可作为小的单人卧室或者书房的空间。但在如

图5-7　法国巴黎8m²单身公寓功能设计及使用

今寸土寸金的都市，如何通过8m²来实现一个正常个体的日常起居，是该案例需要解决的问题。本案例设计进行了弹性空间的功能整合、空间干湿分区，以及人性尺度的合理收纳设计等手段，将一个完备的住宅功能有条不紊地植入8m²的空间当中。设计工作的目的即解决问题。小型空间根据功能整合的原理进行弹性空间的设计，赋予单个空间多重可能性。大体量的居住空间需要做的则是功能的进一步细分，让每一空间均有其专属的功用，从而彰显大宅的功能多样、全面及舒适性。

案例二：独栋三进院别墅住宅。本案例为上海市崇明区的独栋三进院别墅住宅，因建筑面积为普通公寓住宅的数倍，其在常规的住宅功能基础上，扩大单个功能的空间面积。如客厅、卧室、厨房等空间均比常规公寓住宅的面积更大。除此以外，发展出更多与居住者日常起居相关的功能。卧室均以包含更衣室、卫生间的套房功能呈现，厨房分为封闭中式厨房和开放西式厨房两种，增设家庭影院、泳池、健身等休闲娱乐功能。让生活质量大幅提升，足不出户便可享有更多的生活相关活动功能。（图5-8）

根据居住空间使用者行为的归纳，通过功能整合的可行性分析，可以得出适用于小面积住宅的基础功能模块组成；反之，将用户的行为对应功能进行细分，可以得出功能衍生细化的居住功能模块，以适应面积更大的居住空间。从基础功能模块到细分功能模块之间，可根据住宅面积增加的情况、客户的需求以及功能合理性做先后的排序与取舍，以达到空间布局的适切与饱满。（图5-9）

二、办公空间

办公空间即给使用者提供日常的办公功能，完整的办公空间所涉及的文件处理及管理、会晤及商务活动通常被纳入空间功能当

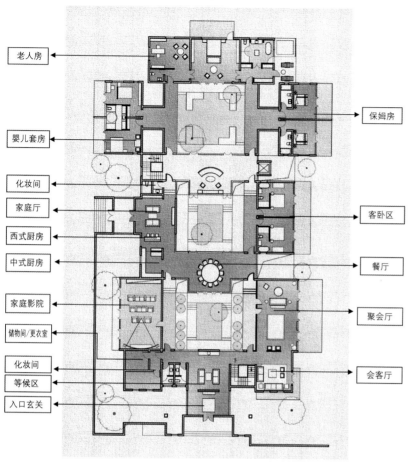

老人房

婴儿套房

化妆间

家庭厅

西式厨房

中式厨房

家庭影院

储物间/更衣室

化妆间

等候区

入口玄关

保姆房

客卧区

餐厅

聚会厅

会客厅

图5-8　独栋别墅一层平面布局图

大量的SOHO办公空间涌现。SOHO一族大部分时间在住所办公，居住空间的概念则被模糊。通常小的SOHO办公空间其居住的功能被挤压用于办公功能的释放，在这种情况下则需要分析，哪些作为SOHO一族的日常生活行为，如何将这些功能进行植入与取舍是至关重要的事情。在SOHO办公空间项目实训案例中，模拟人的日常行为活动，提出空间的多重可能性（图5-17～图5-19）。

中，根据空间的大小、使用者的数量及企业类型，结合企业的实际需求，在基础功能模块的前提下，有选择地细化办公空间的功能组成。（图5-10）

　　案例一：独立式办公空间。具有一定规模的办公空间在设计符合公司形象及发展定位的外在表现下，遵循行为活动设置原则是其内在本质。需要根据空间大小以及企业人数、部门设置、往来业务特征等因素考虑功能配置的空间体量及功能类别，让空间得到合理利用，并兼顾办公活动的便捷性与舒适性。（图5-11～图5-16）

　　案例二：兼具居住及工作功能的SOHO办公空间。随着年轻一代的创业热潮兴起，

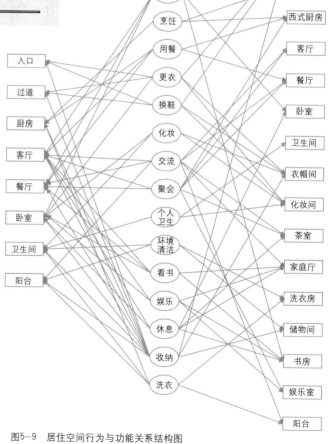

图5-9　居住空间行为与功能关系结构图

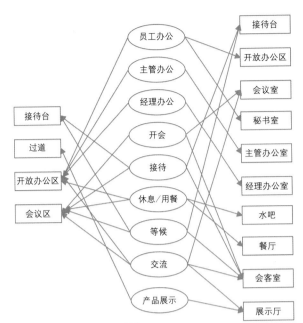

图5-10　办公空间行为与功能关系结构图

图5-11　独立办公空间入口接待区

案例三：共享开放型办公空间。当代大学生创业计划得到社会的广泛扶持，开放共享型办公空间成为新兴的办公模式。其主要的宗旨是将办公个体的独立性模糊化，将办公空间的功能根据动静需求、使用需求、时间要素等分为独立和开放两大类。将需要安静氛围的个人办公卡座保持其独立性；将会议室、演讲厅根据使用频率及办公企业的数量进行合理配比，开放共享。通过楼宇智能化管理，进行预约排序使用，大大提高了办公楼宇的使用效能，节约了各项资源，使得更多的创新企业纳入其中；因初创企业规模的不稳定性，卡座办公区以小组的形式可以任意扩大和缩小组群的规模，让扩张和缩小的企业之间相互协调，力求资源利用最大化；同时开发出网络查询、交流、展览、休闲等衍生功能，以吸引初创型年轻企业的入驻；并且将开放型功能置于相对低的楼层，将独立办公功能集中于高楼层，以便于社会活动的渗透，且不会干扰固定企业的日常办公活动（图5-20～图5-22）。

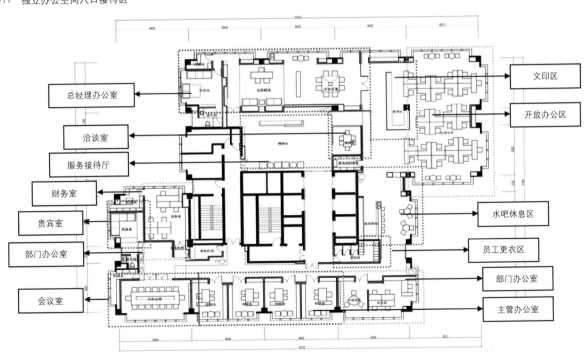

图5-12　独立办公空间平面布置图

图5-13　附设洽谈室的服务接待大厅

图5-14　结合影印功能的大开放办公区

图5-15　办公空间的水吧及休息区

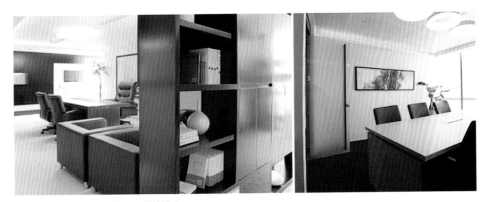

图5-16　总经理办公室与入口处洽谈室

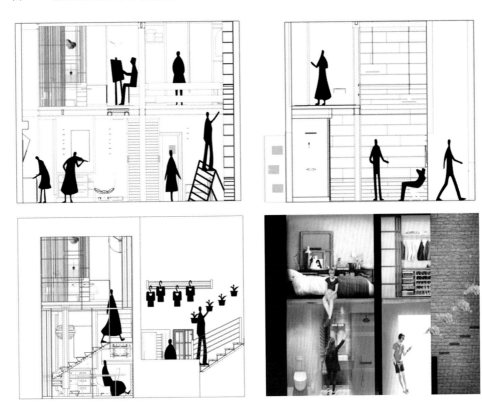

图5-17　SOHO办公空间项目实训：功能与人的行为活动解析

图5-18　SOHO办公空间项目实训：一层的开放工作区

图5-19　SOHO办公空间项目实训：二层的睡眠休息区域

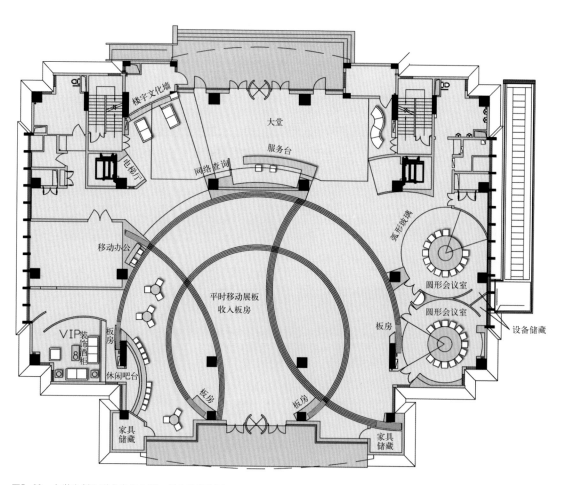

图5-20　大学生创业联合会办公楼一层公共接待区

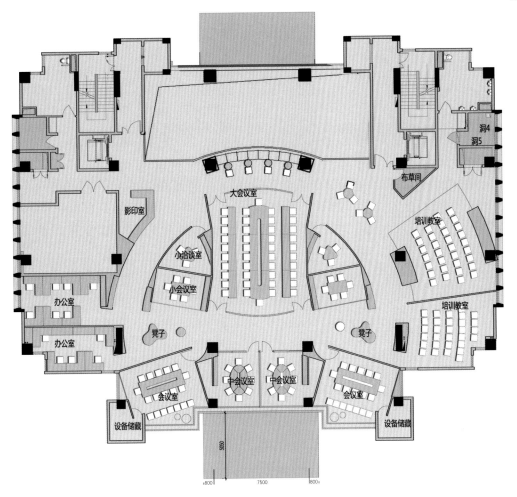

图5-21 大学生创业联合会办公楼二层共享演播厅、会议室、办公组团

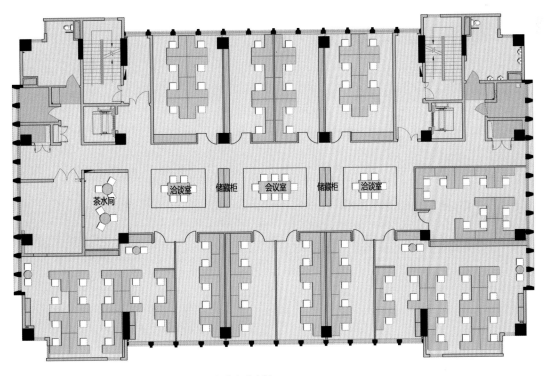

图5-22 大学生创业联合会办公楼三至八层标准办公空间

三、餐饮空间

餐饮空间是一种提供餐饮服务的空间，常见的有餐厅、餐馆。餐饮空间类型繁多，不同种类的餐厅具有不同的功能。日常餐厅的行为活动与空间功能设置密切相关（图5-23）。多功能餐厅是餐厅中面积最大、设备设施最齐全的大型厅堂，既可用作大型餐宴、酒宴、茶会的场所，又可用作大型国际会议、大型展销会、节日活动的场所；宴会厅即供中餐宴会、西餐宴会用厅；风味餐厅是为客人提供不同的特色菜肴、海鲜、烧烤及火锅等的餐厅；风味小吃餐厅是提供各地糕点、小吃等风味食品的餐厅；零点餐厅是为散客提供适合个人口味的随意性点菜或小吃餐厅；歌舞餐厅是既供应中西餐、酒水、小食品，又提供音乐欣赏、伴唱、跳舞活动的场所；西餐厅是以供应美式、法式或俄式餐为主的餐厅；扒房是为高消费水准的客人提供扒烤类食品和名酒的餐厅；自助餐厅即食品分类放置，客人凭券入厅后可自由选食，也有客人入厅后自由选食，然后按价付款的自助餐厅，食品不得带出餐厅；咖啡厅以供应饮料、咖啡为主，兼供小吃及西餐、快餐；另外还有花园餐厅、旋转餐厅、快餐厅和团体餐厅等。

案例一：韵色主题餐厅。餐厅案例分为两个方案。方案一是偏向实用功能的布局设计。从市场的角度，商业空间高昂的租金使得业主往往希望容纳更多的座位数以带来更可观的收益。从图中可以看到（图5-24），传统的餐厅分为厨房、洗手间、开放散座及包房区。厨房操作区因其为非客户进入的功能区，将其位于空间的一个尽端；而包房区因需要安静及私密性被安排于空间的另一个尽端；散座区围绕商业空间的垂直交通系统呈四周环绕型排布，形成四个大的区域组团；位于左侧的组团因空间太大，为

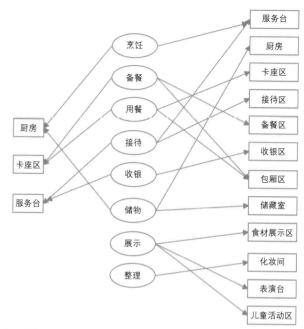

图5-23 餐饮空间行为与功能关系结构图

考虑用餐空间的舒适性，通过半通透隔断将其分为两个功能组团。

餐厅的方案二是从功能上着手突出主题的创意性方案尝试。在这个方案中更偏向于主题性功能，如演绎舞台、酒吧看台等，用餐卡座则相对于第一个方案数量减少，并取消了卫生间区域；且没有设置完全私密的包房区域，而采用半开放式的组团将空间有所区隔。从该方案的平面分区可以感知，其通过多重弧线、折线造型让该方案比第一个方案更加动感活力。但并未结合商业运作考虑其效益与可行性。（图5-25、图5-26）

四、购物空间

购物空间可以是大型的综合百货公司，也可以是独立品牌专卖店。各行业中的专卖店，一方面满足社会需求，一方面也提升企业各自的品牌。更重要的是，专卖店可以将企业研发的最新产品，在第一时间让客户知道。从产品销售到售后服务，人们越来越习惯于在专卖店中购物。专卖店一般选址于繁华商业区、商店街或百货店、购物中心内，营业面积根据经营商品的特点而定，以著名品牌、大众品牌为主，注重品牌名声，从业人员必须具备丰富的专业知识，并提供专业知识性服务。除了传统意义上的产品专卖店，服务活动也日益占据客户购物体验的重要位置，结合各种服务的品牌专卖店越来越受到消费者的欢迎。不同行业也需要结合不同的客户需求打造整体型的服务销售空间，如形象设计服务空间包含了多重形象服务、产品销售及客户体验的功能活动空间（图5-27）。

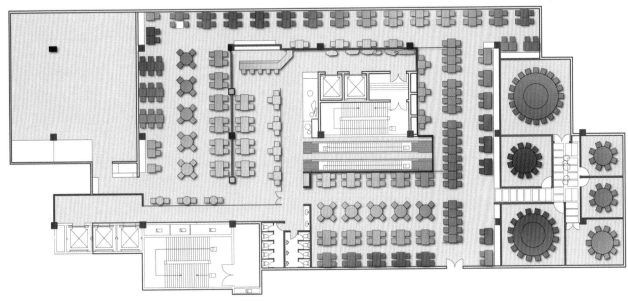

图5-24　主题餐厅布局（方案一）

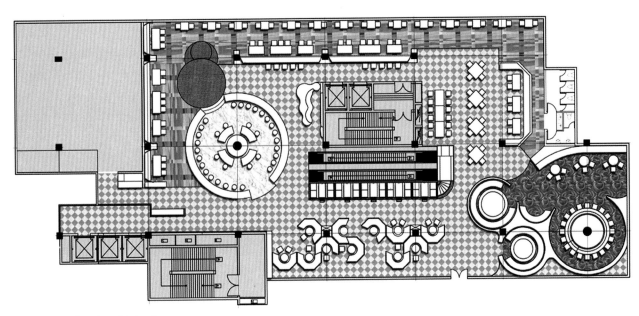

图5-25　主题餐厅布局（方案二）

图5-26　主题餐厅表演舞台区、用餐区空间效果（方案二）

案例一：服饰专卖店室内空间项目。服饰专卖店是以服装为主，结合形象设计的多元型服务商店。其所涉及的功能有服装、鞋帽、饰品、美容、美发、美甲等女性形象服务。从功能分布上，首层为较为开放的服饰展示及售卖空间，二层在服饰的基础上结合了休闲交流功能，三层则是化妆、美发、美甲等功能区域。从业主的经营理念可知，服饰区域可作为面向社会广泛群体的销售服务；而化妆、美发、美甲则定位为会员制客户的定制服务。由此可知，广泛的客群大多数停留在二层以下，便于商店管理；而三层则配置专门的服务人员对会员制客户进行服务。购物行为活动的逻辑也如前面共享办公案例，自下而上的活动属性亦呈现由动到静的变化。（图5-28、图5-29）

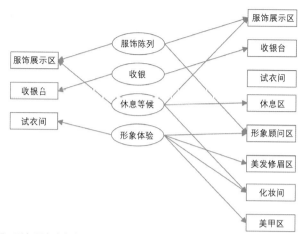

图5-27 形象服务空间行为与功能关系结构图

五、酒店空间

酒店从等级上有多种划分，按星级划分，一般三星以下属于经济集约型酒店。为了满足大众的日常出行住宿需求，其空间体量一般不大，但分布密集广泛；三星、四星级的酒店属于舒适型酒店；五星级及以上属于豪华型酒店，规模和空间体量往往较大，所处的地理位置往往有一定的交通、景观或资源配套优势。不论是何种等级的酒店，住宿是其最基本的功能需求，除此以外，越高档的酒店，其配套设施也越完备（图5-30）。经济型酒店其主要功能是满足人的住宿需求，除了服务接待区域，其绝大部分的空间用于客房的布设。很多经济型酒店并不提供客人的用餐，故常不设餐厅。但仍然需要预留一定的空间供服务人员的活动使用，如酒店布草储物空间、服务人员的休憩空间、客人行李暂存等空间（图5-31、图5-32）。高档的星级酒店则除了满足工作人员服务需要

图5-28 服饰专卖店一层入口服务台及对外展示橱窗

图5-29 服饰专卖店美甲区及休息区

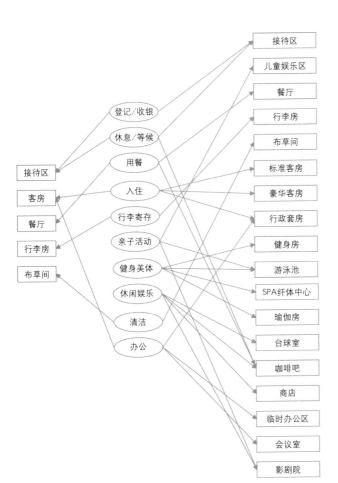

图5-30 酒店空间行为与功能关系结构图

图5-31 经济型酒店服务台区域

图5-32 经济型酒店客房区域

及客人住宿以外，还提供包括餐饮、休闲、娱乐、健身、美容、购物、会晤等多种功能，且随着酒店星级的提升其服务的全面性越高（图5-33～图5-37）。除了这两类传统的酒店类型，商务酒店、主题型时尚酒店是当下酒店业蓬勃发展的分支。商务酒店其功能介于经济型酒店与星级酒店之间。其基本的住宿服务的环境舒适

图5-33　五星级酒店客房休闲厅

图5-34　五星级酒店客房卧室区

图5-35 五星级酒店餐厅包房

图5-36 五星级酒店酒水吧

图5-37 五星级酒店服务接待区

性高于经济型酒店，并附带了用餐、办公及 会晤等功能，通常不配备娱乐休闲类设置， 价位低于星级酒店，其高性价比很好地满足了现代都市工作繁忙的商务人士的差旅需求（图5-38、图5-39）。

图5-38 商务酒店简餐区

图5-39 设办公及交流功能区域的商务酒店客房

第四节　空间功能的动线

动线，是建筑与室内设计的用语之一，意指人在室内室外移动的点，连接起来就成为动线。当了解了不同类型的空间功能组成，这些功能之间的组织需要进行有序的整合，这个顺序也顺应了人日常的行为活动习惯。通过空间功能的比例配置亦可辨识其功能的主次关系。人从一个功能区到另一个功能区的路径称之为动线。以下是不同空间类型的功能与动线组织。

一、居住空间动线

平面图（图5-40）为基本的住宅配置，从入户开始，其空间动线分成两路，一路通往厨房及工作阳台，另一路通往客餐厅；在客餐厅的过道位置，动线再次分为两路，一路通往客厅及阅读区域，另一路通往卧室区及卫生间。公寓型住宅的动线是简单清晰的。

在大面积的独立住宅中，动线则变得更为复杂（图5-41）。虽然动线分支有多条，但其仍然遵循层层递进、清晰有序的原则。空间的多层次及串联形态使得动线构成多个回路。用户有多种路径选择，但从设计的空间划分来看，可以找到符合日常行为的动线。

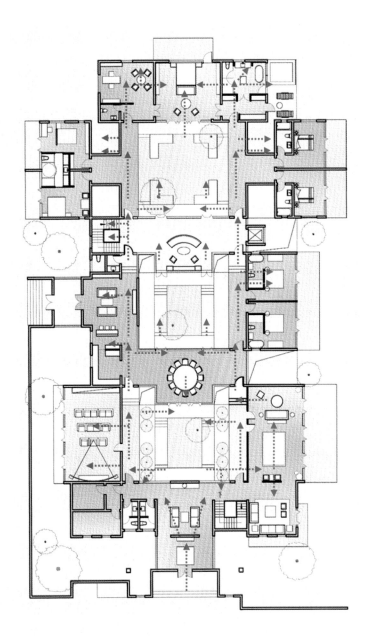

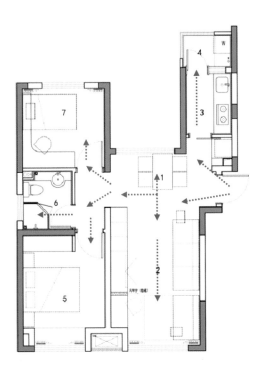

图5-40　公寓住宅的动线解析

图5-41　别墅住宅空间动线解析

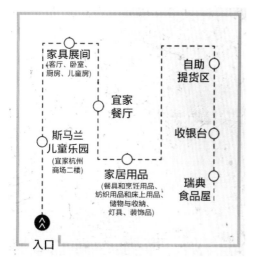

图5-42 宜家卖场功能排序动线图

二、商业空间动线

商业空间的动线亦因空间体量的大小，其动线的复杂程度也会不同。单个出入口的商业空间，一般会采用环状动线的设计；两个出入口的商业空间通常将出入口分别设于动线的两端；多个出入口除了动线两端的出入口外，其他出入口则分布于动线上，成为动线的多个节点。空间设计的过程中，首先要勾画出功能与动线的关系简要图，再将空间区域细化设计，最终得出详细的空间动线图，如宜家商场的动线案例（图5-42），将客户的动线设定为单条动线，通过其经营理念布设功能，虽然销售的产品种类错综复杂、卖场体量异常庞大，却可以通过合理的动线安排给客户清晰、便捷的购物体验（图5-43）。

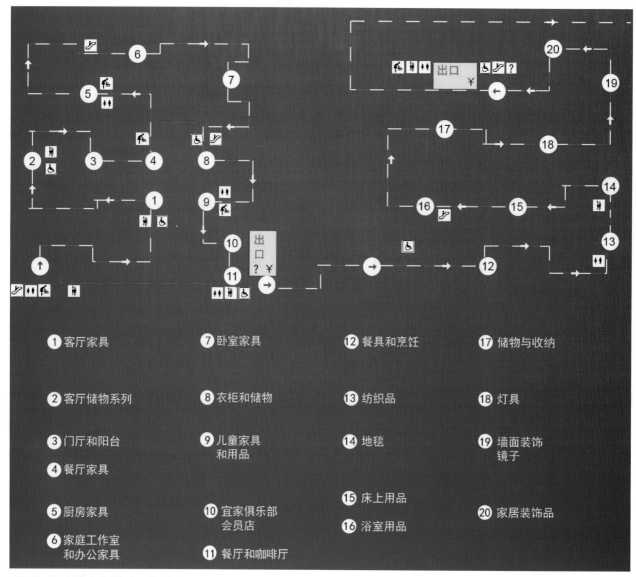

图5-43 按照卖场实际空间布局的动线指示图

商业空间的动线根据服务业态亦可以进行分类（图5-44、图5-45），在餐饮空间中其活动主要分为客人用餐与员工服务两部分，空间设计需要同时考虑客流与服务人员的路径。客流的路径其输出与输入的端口即本层的两个垂直交通出入口，而服务人员则是从厨房到用餐区域再回到厨房的回路。两路动线可以看到交通的差异与重叠关系。通过动线的分析，可以预知动线的拥挤节点，可通过拓宽该区域疏散空间，根据实际客流情况对服务人员的路径做定向指引，通过指示标牌引导客人的流动以避免高峰时期的动线干扰。

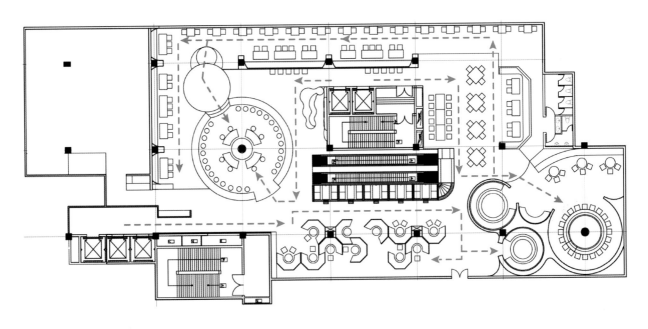

- - - - → 顾客大致流线

图5-44 餐厅客人动线

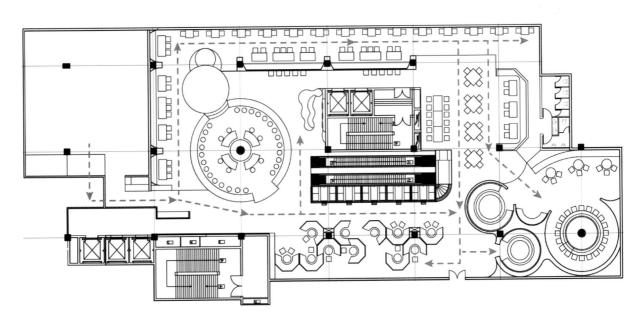

- - - - → 员工大致流线

图5-45 餐厅服务人员动线

「 第六章　设计认知 」

第六章　设计认知

设计认知始于概念方案，概念方案设计是室内设计的首要阶段，概念设计的好坏直接决定了客户是否愿意将项目交予设计师来执行。大型设计方案通常采用设计招标的方式来比选，以决定最终的项目设计合作对象。招标要求所提的便是提交概念设计方案。因为设计行业竞争的白热化，设计机构在不同的项目竞争中均要首先给出概念设计方案，往往一个公司一年所执行的项目不到参与项目的 50%，但所有参与的项目其概念方案则是 100% 必须执行，这足以说明概念方案的重要性。完整的概念方案除平面布局外所包括的内容有产品定位、主题设立与分析、空间色调、空间组织意向、主要软装意向、主要材料意向等内容。

第一节　产品定位

产品定位首先从设计任务书中予以归纳。针对住宅空间，需通过客户的年龄层、社会经济背景、目前生活状态、项目实施预算等方面来定位设计目标；商业空间则需要分析市场目前竞争对手的产品类型，如何让产品更具市场竞争力、找到产品的特色加以提亮是设计定位要重点考虑的。设计师在着手进行室内设计之前，需要了解住宅本身的产品定位，如建筑所处的区位、周边环境配套及交通情况、住宅类型及户型面积等信息，作为产品设计定位的前提条件。

图6-1　住宅样板间产品定位简介

一、客户定位

在对住宅本身有全面性的了解之后，收集客户资料、归纳客户定位是进行住宅样板间或私人住宅设计的重要工作。

住宅样板间是设计师应开发商要求打造出成品的住宅室内装修空间，是客户进行实地参观，以帮助楼盘销售的工具之一。情景样板间对于缺乏尺度感和想象力的大众客户来说是非常重要的参考对象，通过对情景样板间的实地参观了解，从而建立起客户对该住宅产品从整体到细节的印象，并可依据情景样板间比照自己的生活模式展开对未来居住空间的各方面规划。所以情景样板间定位及设计的好坏，对住宅的销售业绩起到关键作用。对于样板间设计而言，客户是虚拟的，但其前提条件是有依据的虚构。根据住宅开发商对于初始产品定位的客户模拟做进一步的细化。通过户型大小、地理区位、配套设施、住宅售价、目标客群等定位，从目标客户群体中找出典型，并将这一具有代表性的家庭进行生活方方面面的细化描述，形成样板间设计的虚拟客户定位（图6-1）。

相对而言，私人住宅室内设计的客户定位则是完全真实的。

设计师通过与客户的不断深化沟通，了解客户的基本情况、日常生活状态以及目前需要通过空间设计来解决的问题进行客户资料的梳理。客户的基本情况包括客户及家人的年龄、性别、职业、兴趣爱好、日常作息等。常见的需要通过空间设计来解决的问题有物品的分类及收纳功能问题、互不干扰与私密性问题、老人儿童的无障碍问题等。通常客户提出这些问题，设计师需要通过自己的经验并结合实际空间条件给予合理专业的建议，再与客户进行协商沟通并达成共识，最终形成可行的问题解决方案。

二、风格定位

风格即风度品格，体现创作中的艺术特

色和个性；流派指学术、文艺方面的派别。室内设计的风格和流派，属于室内环境中的艺术造型和精神功能范畴。室内设计的风格和流派往往是和建筑、家具的风格和流派紧密结合；有时也以相应时期的绘画、造型艺术，甚至文学、音乐等的风格和流派为其渊源，相互影响。例如建筑和室内设计中的"后现代主义"一词及其含义，最早是用于西班牙的文学著作中，而"风格派"则是具有鲜明特色的荷兰造型艺术的一个流派。可见，建筑艺术除了具有与物质材料、工程技术紧密联系的特征之外，还和文学、音乐以及绘画、雕塑等门类艺术之间相互沟通。

室内设计风格的形成，是不同的时代思潮和地区特点，通过创作构思和表现，逐渐发展成为具有代表性的室内设计形式。一种典型风格的形式，通常是和当地的人文因素和自然条件密切相关，又需有创作中的构思和造型特点。风格虽然表现于形式，但风格具有艺术、文化、社会发展等深刻的内涵。从这一深层含义来说，风格又不停留或等同于形式。需要着重指出的是，一种风格或流派一旦形成，它又能积极或消极地转而影响文化、艺术以及诸多的社会因素，并不仅仅局限于作为一种形式表现和视觉上的感受。20世纪20—30年代早期俄罗斯建筑理论家M.金兹伯格曾说过，"风格"这个词充满了模糊性……我们经常把区分艺术的最精微细致的差别的那些特征称作风格，有时候我们又把整整一个大时代或者几个世纪的特点称作风格。当今对室内设计风格和流派的分类，还正在进一步研究和探讨中，本章后述的风格与流派的名称及分类，也不作为定论，仅是作为阅读和学习时的借鉴和参考，并有可能对我们的设计分析和创作有所启迪。

室内设计的风格，属于室内环境中的艺术造型和精神功能范畴。传统的室内设

图6-2　中式风格的客厅

计风格往往是和建筑紧密结合，各时期的绘画、造型艺术、文学、音乐等的风格和流派为其形式表现的渊源。按大的时代阶段及市场的主流主要分为传统风格、新古典风格、现代风格及后现代风格。

传统风格的室内设计，是在室内布置、线形、色调以及家具、陈设的造型等方面，吸收传统装饰"形""神"的特征。例如吸收我国传统木构架建筑室内的藻井天棚、挂落、雀替的构成和装饰，具有明清家具造型和款式特征（图6-2）。又如西方传统风格中仿罗马风、哥特式、文艺复兴式、巴洛克、洛可可、古典主义等，其中如仿欧洲英国维多利亚式或法国路易式的室内装潢和家具款式。此外，还有日本传统风格、印度传统风格、伊斯兰传统风格、北非城堡风格等。传统风格常给人们以历史延续和地域文脉的感受，它使室内环境突出了民族文化渊源的形象特征。

美、英、法式风格可以统一纳入欧美风格，但其在延续欧式风格共同特点的同时也各自凸显出其强烈的地域和历史文化特征。美式风格以乡村风格最为突出，用粗犷的线条及壮硕的家具尺度来营造乡村的自然与朴实感（图6-3）；而相较于美式风格的"圆润"与"壮硕"感，英式风格则鲜少有圆润的造型，更多的是尖耸的三角形、菱形元素，而且造型比例也以瘦长为主，看起来精神肃穆并富有文艺气息，带有一定的哥特式风格的基因（图6-4）；法式风格看起来华丽而高贵，源于法国宫廷的风貌，并带有浪漫、梦幻的气质，主要以白色为主，点缀缤纷的花卉颜色，其所描绘的元素来自洛可可及巴洛克的花卉枝蔓，整个空间富丽堂皇且伴有浪漫的情调（图6-5）。

地中海风格的地中海"Mediterranean"一词源自拉丁文，原意为地球的中心，自古以来，地中海不仅是重要的贸易中心，更

图6-3　美式风格的厨房空间

图6-4　英式风格的餐厅空间

图6-5　法式风格的客厅空间

是希腊、罗马、波斯古文明、基督教文明的摇篮。地中海物产丰饶，现有的居民大都是世居当地的人民，孕育出丰富多样的风貌。地中海风格的美，包括"海"与"天"明亮的色彩，仿佛被水冲刷过后的白墙，薰衣草、玫瑰、茉莉的香气，路旁奔放的成片花田色彩，历史悠久的古建筑。土黄色与红褐色交织而成的强烈色彩，让人联想到西班牙蔚蓝海岸与白色沙滩、希腊白色村庄在碧海蓝天下闪闪发光、意大利南部向日葵花田在阳光下闪烁的金黄等取材于大自然的明亮色彩。地中海风格的基础是明亮、大胆、色彩丰富、简单、民族性，有明显特色。室内空间中地中海风格的集中体现是带有拱形的门洞、马赛克及彩色瓷砖的拼贴、素色的墙面、结合铁艺的元素、软质的纱幔等，整体营造出悠然闲适、热情活力的风貌。

东南亚风格主要指泰国、印度尼西亚等国家的风格特色，这些国家亦有着古老而神秘的文化渊源，因传承宗教信仰，在室内空间中凸显出宗教至上的神秘感。同时，这些热带国家的木材、藤材资源丰富，室内运用大量的木结构与藤艺，且这些国家拥有诸多岛屿，室内空间的设计结合软性的帷幔，营造出异域度假的风情。

新古典主义的设计风格可看作是经过改良的古典主义风格。新古典主义风格一方面保留了古典材质、色彩的大致风格，仍然可以很强烈地感受传统的历史痕迹与浑厚的文化底蕴，同时又摒弃了过于复杂的纯手工肌理和装饰，简化了线条并提炼出代表着工业化兴起的几何形状、多样化的折线等机械特征纹样，体现出新的装饰层次感。金属质感的运用及多样色彩的组合呈现出高级精准的质感以代表工业化带来的繁荣。传统风格均在这样的艺术风潮下衍生出新古典的设计风格，新古典风格也是较长一段时间以来，最受欢迎的设计风格之一（图6-6、图6-7）。随着装饰主义的不断发展，文化的国际性跨越，开始出现东西方装饰的杂糅与混搭，以台湾设计师邱德光为主要代表的新装饰主义引领了一个时代的室内设计潮流，被称作 Neo-Art Deco 风格（图6-8）。

现代风格起源于1919年成立的包豪斯学派。包豪斯学派提倡突破传统，创造革新，重视功能和空间组织，注重发挥结构构成本身的形式美，造型简洁，反对多余装饰，崇尚合理的构成工艺；尊重材料的特性，讲究材料自身的质地和色彩的配置效果；强调设计与工业生产的联系。建筑新创造、实用主义、空间组织、强调传统的突破都是该学派的理念，对现代风格有着深刻的影响（图6-9、图6-10）。所以，现代风格具有造型简洁、无过多的装饰、推崇科学合理的构造工艺、重视发挥材料的性能的特点。现代风格注重展现建筑结构的形式美，探究材料自身的质地和色彩搭配的效果，实现以功能布局为核心的不对称、非传统的构图方法。现代风格外形简洁、功能性强，强调室内空间形态和对象的单一性、抽象性。简约并不是缺乏设计要素，它是一种更高层次的创作境界。在室内设计方面，不是要放弃原有建筑空间的规矩和朴实，去对建筑载体进行任意装饰，而是在设计上更加强调功能，强调结构和形式的完整，更追求材料、技术、空间的表现深度与精确（图6-11、图6-12）。用简约的手法进行室内创造，更需要设计师具有较高的设计素养与实践经验。需要设计师深入生活、仔细推敲、精心提炼，运用最少的设计语言，删繁就简，去伪存真，以色彩的高度凝练和造型的极度简洁，在满足功能需要的前提下，将空间、人及物进行合理精致的组合。现代风格是最具有国际化高度的设计风格，较上述传统风格及新古典风格，其国别、地域文化的内容则很少体现其中，空间的高效率与功能化、整洁及科技感成了共同的追求与发展方向。现

图6-6　东方新古典风格的客厅

图6-7　西方新古典风格的水吧台

图6-8　Neo-Art Deco风格，邱德光

代风格的这些特征深受青年人群的喜爱，亦因住宅空间的不断缩小而广泛受到大量使用者的追捧，在众多风格中占有一席之地（图6-13、图6-14）。

图6-9　现代主义大师：勒·柯布西耶　　图6-10　现代主义代表人物：密斯·凡·德·罗　图6-11　范斯沃斯住宅，密斯·凡·德·罗

图6-12　勒·柯布西耶自宅　　　　　　　　　　　图6-13　现代风格住宅

图6-14　纽约伊丽莎白街152号公寓，安藤忠雄

　　"后现代主义"一词最早出现在西班牙作家德·奥尼斯1934年的《西班牙与西班牙语类诗选》一书中，用来描述现代主义内部发生的逆动，特别有一种现代主义纯理性的逆反心理，即为后现代风格。20世纪50年代美国在所谓现代主义衰落的情况下，也逐渐形成后现代主义的文化思潮。后现代风格的代表人物有菲利普·约翰逊、罗伯特·文丘里、迈克尔·格雷夫斯等（图6-15、图6-16）。受20世纪60年代兴起的大众艺术的影响，后现代风格是对现代风格中纯理性主义倾向的批判，强调建筑及室内装潢应具有历史的延续性，但又不拘泥于传统的逻辑思维方式，探索创新造型手法，讲究人情味，常在室内设置夸张、变形的柱式和断裂的拱券，或把古典构件的抽象形式以新的手法组合在一起，即采用非传统的混合、叠加、错位、裂变等手法和象征、隐喻等手段，以期创造一种融感性与理性、集传统与现代、糅大众与行家于一体的"亦此亦彼"的建筑形象与室内环境。对后

图6-15 后现代主义代表人物：罗伯特·文丘里

图6-16 母亲住宅内景，罗伯特·文丘里

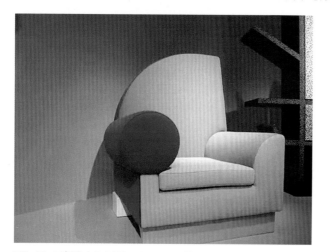

图6-17 后现代主义家具Bel Air chair，彼得·夏尔，1982年

图6-18 后现代空间设计——香港问月酒店

现代风格不能仅仅以所看到的视觉形象来评价，需要我们透过形象从设计思想来分析（图6-17、图6-18）。

通常来讲，传统风格的受众偏向中老年人群，新古典风格偏向于中青年人群，而现代风格更倾向青少年人群。但这并不是绝对的，通常作为对照客户的一种选择性参考，风格的确定首先要基于客户的自身偏好；其次需要考虑空间大小的适合情况，大的空间可以包容任何风格，中型体量的空间可以允许一定的装饰风格，小型的空间则以化繁为简、摈弃多余装饰的现代风格为首选。当客户没有明显偏好并无法做出选择时，设计师需从年龄、空间大小、造价经济性等方面给出合理建议。

第二节 主题元素的提炼

一、主题的创意性

设计的主题就好比一篇文章的中心思想、一件艺术品创作的灵感来源。室内设计是创意性的活动，主题的鲜明程度也直接影响了设计作品的独创性、吸引力程度。室内设计的市场竞争日益激烈，对于设计水平亦提出了更高的要求，要在诸多的竞争对手中胜出，从整个设计流程的工作来看，偏技术的工作如设计表现效果、图纸标准化程度、现场指导经验等均属于设计服务的范畴，但设计创意是独立于设计服务的存在，是判定一个设计公司核心竞争力的首要标准。设计创意是对室内设计师的重要评判指标。

二、主题的来源

一个设计项目明确了客户定位、找到合适的风格，且做了合理的平面布局，掌握这些条件最终的设计结果是合理、美观并能够满足使用需求，但它的不足之处可能在于，它和其他太多的空间类似、缺乏新意，也无法打动使用者并对它印象深刻。这样的空间设计有血有肉，但缺乏"灵魂"。空间设计的"灵魂"便是主题元素设计的内容。对于住宅空间，主题的提炼主要来源于客户的个性与偏好，要做到为客户量身定制属于他的空间，设计师需要花时间观察客户的日常行为细节，与客户进行深入交流，同时对于设计师亦提出了更宽泛的知识面要求。例如年长客户对孩童时的里弄生活有着美好的回忆，希望生活空间能够让他时常想起快乐的童年时光。设计师则需要去了解里弄文化，找到具有代表性的元素，并思考如何巧妙地与各种材料相匹配运用，确保方案的切实可行以达到理想的实现效果。相对于住宅空间面对使用者的挑战，商业空间设计则要面对市场同级别产品的竞争，其设计主题更多依赖于设计师的分析、创意与提炼。例如酒店的设计元素，设计师首先要消化甲方提供的与产品有关的市场定位数据，再广泛进行市场调研，将同级别的标杆产品进行优缺点分析，得到横向的设计关键指标；通过对项目所属企业的核心竞争力做纵向的产品差异化分析，得到纵向设计指标；最后结合产品的选址，做区域文化渗透、时尚趋势等的设计分析。结合以上多维度分析的依据，进行主题创意、元素提炼及设计运用。（图6-19～图6-21）

《再别康桥》
悄悄的我走了，正如我悄悄的来；我挥一挥衣袖，不带走一片云彩。
—— 徐志摩

图6-19　设计主题的描述

概念意向

初步色彩规划　　　　　色彩推敲

图6-20　根据主题进行概念找寻与设计构思

图6-21　运用主题元素完成的空间设计效果

三、主题元素的表达

主题需要通过元素在空间中的运用进行表达。当明确了主题之后，设计师需要将关联元素丰富化、系统化。元素可以通过形状、线条、颜色、材质等多个维度进行表达。主题元素可以是一个物、一件事、一个场景等，亦可以摘自书本或来自电影。丰富元素可以从元素本身出发，从整体到细节，找出其多方面的特性，提炼出一系列元素。比如"荷"的主题，荷的花、茎、叶、果实的形状、线条、颜色、质感等都是它的元素；季节变化过程中"荷"的形状、线条、颜色、质感的变化也是它的元素。系统化元素则是

找出与主题相关的一系列元素与之相匹配，形成一个相对完整的体系。如"游乐童年"的主题，旋转木马、滑梯、跷跷板、小火车等都是这个主题的元素。为了让元素呈现系统化的形式感，需要在形状、线条、色彩及质感上做统一，以达到系列化的元素凸显主题的整体性效果。（图6-22～图6-25）

图6-22 杭州星光大道奈尔宝家庭中心

图6-24 上海奈尔宝家庭中心

图6-23 杭州星光大道奈尔宝家庭中心

图6-25 澳门巴黎人酒店亲子套房内儿童区域

第三节 色彩搭配

一、色彩的种类

色彩分为无色彩与有色彩。无色彩如白、灰、黑以明暗程度来表示。三原色一般指的是红、绿、蓝三种，简称RGB。光源只含有特定的波段，本身就是色光，将不同

颜色的光加在一起形成新的颜色，典型的例子是显示屏。三基色指的是颜料三原色，在纯白光照射下颜色为绛红、黄、青，简称CMYK。它们本身不发光，靠反光被看见。由于材料吸收特定波段的光，所以只有不被吸收的部分反射了回来。加上的颜色越多吸收的光也越多（图6-26）。其他的色相如橙、绿、靛、紫均是通过这三种颜色调和而产生的。如果将红、橙、黄、绿、蓝、靛、紫再

予以分类时，其色彩种类是无限大的（图6-27）。

二、色彩的表现方式

从色彩体系来掌握色彩时，依色相、明度、彩度三属性来表示。从彩虹中所看到的红、橙、黄、绿、蓝、靛、紫等色调称为色相；依色彩的明亮程度来表示反射率的等级。明度指色彩鲜艳的程度，又可称为饱和度，最高者为白色，明度最低者为黑色。颜色中不含灰色之鲜艳的色彩其纯度较高，反之含有灰色则会使色彩的纯度降低。各色相中纯度最高的色彩称为纯色。（图6-28、图6-29）

三、色彩的物理、生理与心理效应

色彩对人引起的视觉效果还反映在物理性质方面，如冷暖、远近、轻重、大小等，这不但是物体本身对光的吸收和反射不同的结果，而且还存在着物体间的相互作用的关系所形成的错觉，色彩的物理作用在室内设计中可以大显身手。

在色彩学中，把不同色相的色彩分为热色、冷色和温色，从红紫、红、橙、黄到黄绿色称为热色，以橙色为最热。从青紫、青至青绿色称为冷色，以青色为最冷。紫色是红与青混合而成，绿色是黄与青混合而成，因此是温色。这和人类长期的感觉经验是一致的，如红色、黄色，让人似看到太阳、火、炼钢炉等，感觉热；而青色、绿色，让人似看到江河湖海、田野森林，感觉凉爽。但是色彩的冷暖既有绝对性，也有相对性，愈靠近橙色，色感愈热；愈靠近青色，色感愈冷。如红比红橙较冷，红比紫较热，但红仍属于暖色。此外，还有补色的影响，如小块白色与大面积红色对比下，白色明显带绿色，即红色的补色的影响加到白色中。

凹凸、远近的不同，一般暖色系和明度高的色彩具有前进、凸出、接近的效果，而冷色系和明度较低的色彩则具有后退、凹进、远离的效果。室内设计中常利用色彩的这些特点去改变空间的大小和高低。色彩的重量感主要取决于明度和纯度，明度和纯度高的显得轻，如桃红、浅黄色。在室内设计的构图中常以此达到平衡和稳定以及表现性格的需要，如轻飘、庄重等。色彩对物体大小的作用，包括色相和明度两个因素。暖色和明度高的色彩具有扩散作用，因此物体显得大，而冷色和暗色则具有内聚作用，因此物体显得小。不同的明度和冷暖有时也通过对比作用显示出来，室内不同家具、物体的大小和整个室内空间的色彩处理有密切的关系，可以利用色彩来改变物体的尺度、体积和空间感，使室内各部分之间关

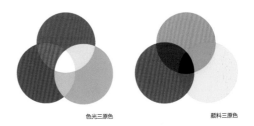

色光三原色　　　　　　　　颜料三原色

图6-26　三原色、间色、复色

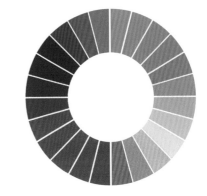

图6-27　牛顿色环（45°同类色、90°邻近色、135°对比色、180°互补色）

图6-28　伊顿色环

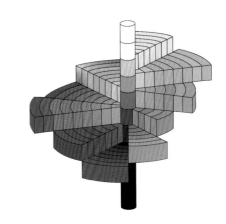

图6-29　孟塞尔色立体之颜色的明度、纯度、色相

图6-30　冷色调的男孩卧室空间效果

图6-31　暖色调的起居空间效果

系更为协调。

　　生理心理学表明，感受器官能把物理刺激能量，如压力、光、声和化学物质，转化为神经冲动，神经冲动传到大脑而产生感觉和知觉，而人的心理过程，如对先前经验的记忆、思想、情绪和注意集中等，都是大脑较高级部位以一定方式所具有的机能，它们表现了神经冲动的实际活动。费厄发现，肌肉的机能和血液循环在不同色光的照射下发生变化，蓝光最弱，随着色光变为绿、黄、橙、红而依次增强。相当于长波的颜色引起扩展的反应，而短波的颜色引起收缩的反应。整体机体由于不同的颜色，或者向外胀，或者向内收，并向机体中心集结。此外，人的眼睛会很快地在它所注视的任何色彩上产生疲劳，而疲劳的程度与色彩的彩度成正比，当疲劳产生之后眼睛有暂时记录它的补色的趋势。如当眼睛注视红色后，产生疲劳时，再转向白墙上，则墙上能看到红色的补色绿色。因此，赫林认

为眼睛和大脑需要中间灰色，缺少了它，就会变得不安稳。由此可见，在使用刺激色和高彩度的颜色时要十分慎重，并要注意到在色彩组合时应考虑到视觉残像对物体颜色产生的错觉，以及能够使眼睛得到休息和平衡的机会。

四、室内设计中色彩的搭配

　　任何色相、色彩性质常有两面性或多义性，我们要善于利用它积极的一面。色彩搭配是室内设计的基础，室内设计除了自身的艺术本质以外，它还将色彩与形体、光线与材质的整体统一和变化以深刻的视觉感受传达给观赏者，让人们沉浸于室内的造型与色彩所营造的一体化氛围中。由于色彩的不同特征会给人们带来冷、暖、轻、重等感觉，这种感觉对室内设计的配色有着重大的影响，所以在进行室内设计时必须将色彩的原理融合于整个室内装修的过程中，让设计美观而舒适。

　　色彩的色相决定了它的冷暖。一般偏蓝的色彩都属于冷色调，如蓝色、蓝绿色、白色、银色、灰色等，它们像水一样让人感到寒冷；而偏红的色彩都属于暖色调，如红色、橙色、黄色等，它们像火一样让人感觉很温暖，所以在配色时，要合理运用冷暖色调，使两者搭配出相得益彰的效果（图6-30、图6-31）。色彩的冷暖可以中和环境的温度，例如在寒冷的地区或缺乏阳光的阴面空间，宜采用红、橙、黄等暖色调；而热带地区、阳光强烈的阳面空间，宜采用蓝、绿等冷色调。

　　色彩的明度决定了它的轻与重。一般颜色较浅、明度较高的色彩都属于轻的颜色，如白色、黄色等，它们像棉花、白纸一样给人轻快感（图

图6-32　明亮色调的起居空间效果

图6-34　红色提升餐厅亲和氛围的空间效果

6-32）；而像黑色、深灰色这样的暗色调及明度低的色彩都属于重的颜色，它们给人一种稳重及可靠感（图6-33）。

一般来说，像红、橙、黄这样能提高人情绪兴奋度的色彩被称为兴奋的颜色（图6-34）；而像蓝、绿这些颜色能够平复人的情绪，被称为平静的颜色（图6-35）。

室内设计运用色彩时需要考虑光环境的影响，不同的光环境与颜色组成的效果各异。即在光线较弱的室内空间宜采用明度高、吸光性弱的色彩；在光线强的室内空间宜采用明度低、吸光性强的色彩（图6-36）。

从实际案例的学习中掌握配色。室内设计发展以来，国内外设计大师层出不穷，通过设计案例学习前辈的设计手法是其一，通过案例学习配色的方法则是掌握室内设计色彩见效最快的方法。具体做法是首先找到经典案例，对其用色种类及比例做分析，比较不同用色及比例分配带来的效果差异。室内

图6-33　暗色调的起居空间效果

图6-35 蓝色使人情绪宁静的空间效果

图6-36 光线与色彩互相补强的空间效果

设计的色彩与所表达的主题息息相关，最直接的方式便是从主题中提取色彩，进行合理的比例配置。主题画面的来源是丰富的，如自然界、真实场景、电影、绘画、图像等。

第四节　空间设计意向图

一、空间组织设计意向

室内设计概念方案少不了意向图的内容。意向图数据即来源于以往的室内设计案例，可从室内设计专业图书、网站、公众号等渠道获得意向图。收集和筛选意向图的过程需要花费大量的时间。收集数据的过程可以给设计者带来创意的灵感，而筛选意向图则是需要设计者先在脑海中形成空间的基本样态，但迫于概念方案时间限制，无法用精准的图纸或三维设计表达，而采用意向图辅助表达呈现的方法（图6-37）。要做到意向图的指向清晰，而不是含糊不清使客户看不明白具体用意，可采用合理组织空间意向的方法将意向中最接近的设计点一一对应。（图6-38）

二、主体软装设计意向

意向图是主要的空间构造，增加主体软装方案可以让整个概念方案的方向更加清晰明白。符合空间构造的意向图，其家具陈设的意向未必能够达到设计者的要求，且家具陈设作为空间中一大内容组成，需要系统考虑软装陈设的整体性。通常所说的软装主要包括家具、布艺、灯具及挂画、摆件等内容。家具、灯具是空间活动必需品，是软装中最重要的两类内容。家具和灯具选择的重要依据为尺寸的合理性、风格的匹配性、色彩的融合性。同时还要考虑到家具的良好功能及灯具的节能情况。布艺主要指软质的地毯、窗帘、靠枕及床品等，其选择的主要依据为色彩的匹配度、清洁难易程度、耐久性等方面。挂画及摆件是锦上添花的软装陈设，主要依据为风格色彩的匹配度、主题贴合程度、用户的个人喜好等。以上软装根据造价的范围，按先必需品后增色品的次序来考虑软装的选择，并给出初步的概念意向图片。（图6-39）

概念意向

初步色彩规划　　　　　　　　　　　　　　色彩推敲

图6-37　空间意向与效果呈现

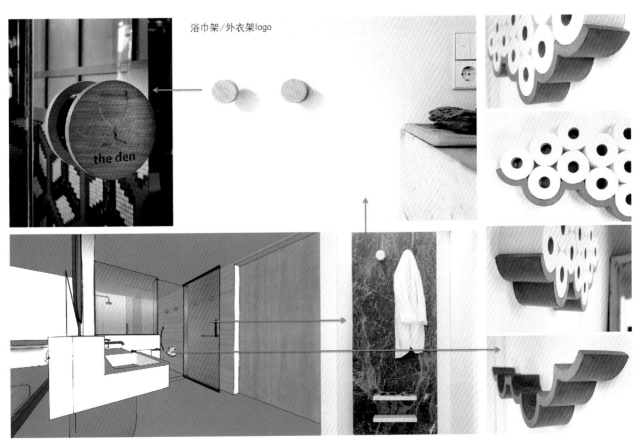

图6-38　空间设计细节的意向图

图6-39　卧室主体软装陈设配置方案

第五节　常用材料

材料选择直接决定了设计者对空间细节的要求。设计师在每一个设计方案中都必须强调的色彩、灯光、质感以及纹理这些事物都与材料切身相关。从纯功能性到美学观点，为了做出正确的判断，设计师必须切实掌握材料的各种内在特性。材料的种类从天然到人工应有尽有，且随着科技的发展，新材料层出不穷。本单元就室内设计的常用材料予以介绍。作为一名优秀的设计工作者，其创新能力也体现在新材料的尝试运用方面，通过材料的实践，实现空间实施的经济性、效果的独特性及使用的节能环保。

一、墙面材料

墙面定义了一个空间的围合度，是设计师的重要规划内容。墙面材料运用可实施度高，垂直的墙面不像地面容易积蓄灰尘或有严格的承重坚固度要求，亦不像顶面由于重力的因素要求只能是轻质的材料，可用的墙面材料丰富多样。

涂料是常用最简单的墙面材料，实用性、环保性及经济性均比较好。所有的涂料均主要由四部分组成：颜料、黏合剂、干燥剂和溶剂。颜料形成涂料的色彩；黏合剂一般为树脂，包住颜料，干后成膜；干燥剂加速黏合剂的干燥时间；溶剂增加涂料的流动性，以保证上墙的均匀度，但上墙之后便快速挥发，仅保留颜料与黏合剂的部分。通常墙面涂料分水性漆和油性漆。常见的水性漆即乳胶漆，油性漆则以防水型艺术漆为代表。涂料为表面装饰涂层，在喷涂料之前，需要完成墙面找平及底漆的工作再刷涂料，为了使墙面平整光滑，至少要重复三遍涂料及打磨的工作。涂料的材料单位是桶，通常是按克重来计算可涂刷的面积，以估算空间使用量。（图6-40、图6-41）

壁纸是一种常见的墙面装饰，最早期的壁纸，其材料本身如其名便是纸质的。但因纸质材料的耐用度不高，伴随科技的发展出现了各种材料的壁纸（图6-42）。常见的有无纺布材料壁纸、PVC材料壁纸、天然及人造纤维壁纸等。无纺布壁纸大大提高了牢固度；PVC壁纸为塑料合成材料，具有防水的性能，且PVC壁纸肌理丰富，常能够见到仿真砖块、石材、皮革、瓷砖等效果的壁纸，但因其化学成分较多，故环保性较差，一般用于公共休闲娱乐场所；天然纤维壁纸多采用谷物秸秆、藤竹类纤维制成，相较于人造材料更为环保；人造纤维则具有较强的肌理可塑性，如人的衣着般制造出丰富奇妙的质感。壁纸的材料单位是卷，根据厂家或产地的不同，其门幅也有所差异，一般为70cm ~ 90cm宽度。单卷壁纸长度在10m左右。因单幅壁纸自上而下铺贴中间不能拼接，所以具有一定的损耗率，使用量估算时要根据壁纸的规格进行估算。壁纸在铺贴的时候，对于墙面基础要求与乳胶漆是一样的，找平并完成底漆的墙面，需要先刷基膜，基膜的主要作用是防水性、抗碱性、加强黏接度。基膜在墙体表面形成防水膜，可以防止壁纸发霉，并隔离墙体石灰的碱性物质对壁纸的腐蚀，基膜强附着性黏结墙面和壁纸胶水面。完成基膜，在壁纸背面刷胶后，进行壁纸铺贴工作。

墙面采用木饰面板作为装饰已屡见不鲜，传统风格及新古典风格中即出现大量的木饰面板，木饰面板以整墙木饰面板及墙裙木饰面板最为普遍，木饰面上通常还有复杂的凹凸的线条造型工艺；现代风格的木饰面板则根据造型的需要没有严格的规律要求，且基本以平滑简洁的外观为主。传统木饰面

图6-40　乳胶漆墙面效果

图6-41　艺术漆墙面效果

图6-42　具有画面感的壁纸空间效果

图6-43 现代简约空间木饰面效果

图6-44 深色镜面在空间墙面的运用

的施作方式为现场木工制作，现场做油漆至完成；现代技术木饰面板与墙体的连接方式需要通过木基层来完成，木基层的做法首先在木饰面施作的范围内弹好网格线，在网格各交叉点埋木栓入墙，再将细木工板对应木

栓点一一打钉固定，细木工板便是木饰面施作的基层。木饰面需根据墙面造型进行合理分块，细木工板上下安装锁扣，木饰面板背面对应安装卡口，厂家加工好的成品木饰面直接通过卡扣咬合固定，避免现场油漆作业带来的环境污染。

木饰面根据所选木材料的不同，颜色由浅至深，纹理也千变万化（图6-43）。在保留木纹肌理可见的情况下，选用浅色木质，可以通过染色的方式，加深木饰面的颜色；但深色的木质则无法变浅。保留木纹肌理及木色的方法是表面覆鸡蛋清色透明的清水漆；混水油漆即有色漆则会覆盖木皮的颜色和木纹。混水封闭漆可使表面平滑并将木质全部覆盖。混水开放漆同样覆盖木质颜色，但凹凸的木质肌理纹路仍清晰可见。木饰面的漆面分水性和油性两种。水性漆没有光泽度接近涂料效果，油性漆则根据成分不同可调节完成面的光亮度，最亮的是镜面钢琴漆。

镜面材料在现代室内空间中除了卫生间，也被运用到常规的空间环境中，镜子反射出的虚空间使人产生空间扩大的视错觉，是小空间拥挤感的巧妙解决方案（图6-44）。镜子的安装同样需要预先施作墙面木基层，然后通过强力胶将镜子粘贴于细木工板上完成安装。镜子分为全反射和部分反射两种，全反射即清镜，清镜即透明白玻璃背面电镀水银，除了清镜还有茶镜、黑镜等多种彩色镜子，这些镜面即使用彩色玻璃背面电镀水银的方式实现；部分反射镜面常见的有刻花镜、锈镜等，刻花镜通过腐蚀技术，将预先设计好的文字或花纹输入计算机设备，即按照设计的纹样要求，做出想要的局部磨砂纹样玻璃，再做背面水银电镀；锈镜则是在水银中加入了其他金属成分，电镀完成后，整个镜面出现锈迹斑斑的复古效果。这两种镜面因纹样的半透明及水银的斑驳而无法反射出清晰的虚空间，更多的是作为一种墙面装饰。镜面的边缘处理方式通常也分两种，一种即防划伤的微倒角处理，另一种则是大倒角的切割面，效果上出现水晶般的立体感，多运用于古典风格的设计空间。

软包材料主要有布面、皮革等。软包饰面具有柔软的弹性质感及舒适性，同时因其内部的海绵填充具有良好的吸音效果及安全性，通常使用在影院、KTV包间、亲子中心、卧房等空间。软包的施作同样需要先做木饰面基层，软包可根据图案设计分块制作，制作每个单元块首先将密度板切割成图案相应的形状，根据包裹的饱满程度选择海绵的厚度，在包裹海绵的基础上覆盖表面材料。外覆盖面料选择牢固度高、易清洁的材料为宜，皮革是普遍的选择。皮革有真皮与合成革两大类，真皮质感较好但价格较高，皮质娇嫩，时间长容易老化；合成革即PVC类人造皮革，可根据需要制造出多种多样的色彩和肌理，牢固度好，但因其为PVC类材料，环保性较差。软包布面通常选用牢固、厚实、耐污的面料，常用的

图6-45　室内空间的墙面软包效果

图6-46　地面铺设木地板的空间效果

面料有绒面、雪尼尔、亚麻等（图6-45）。

二、地面材料

常用的地面材料有木地板、地砖、石材、地毯、地坪漆等。

地板规格主要有两类，一种为常见的长条形地板，其宽度为7cm～15cm不等，长度约1.2m；另一种为正方形的拼花地板，常见的有边长45cm、60cm两种规格。早期的地板都是通过打地龙骨的方式进行安装，现在的地板安装鲜少采用地龙骨的形式，而是铺完防潮层之后，通过锁扣的方式直接拼接安装，铺贴方便迅速（图6-46）。

木地板根据材料属性可分为实木地板、实木复合地板及复合地板三大类。实木地板即从木材中直接开出整块实木料加工成型，早期地板制造工艺尚不成熟时，多是实木地板。实木地板的优点是"真材实料"、天然环保，但同时它也价格高昂，并且纯实木方料保留着天然的结构，遇到气温变化则热胀冷缩，容易变形；实木复合地板则是通过木片、木条或木块拼接而成的，根据拼接的程度其价位也有所区别，总体来讲，越少拼接，大块木材使用得越多则价格越高，且黏合剂的使用越少，其环保性也越高，实木复合地板可以通过表面贴不同品种木皮、下层结构材料使用普通木材的形式来降低成本；复合地板是将木屑、秸秆纤维粉末添加大量黏合剂挤压成型的地板，表面多覆有仿真木纹印刷膜纸。复合地板基本使用不到原始的木材，故通常价格最为低廉，且黏合剂的大量使用让地板不具备环保性，木纹因为仿真印刷，会有批量的重复率，铺贴出来往往达不到实木类地板的自然效果。但随着科技的发展，已经出现高环保型、高仿真型复合地板，主要通过天然提取物制成的黏合剂，以及纹理同步、高差异、高清晰度的覆膜技术。但由于技术先进、抗变形、高强度、高环保及良好的美观性，其高昂的价格几乎超出了大部分纯实木地板。

除以上常见的地板种类外，软木地板是另一种相对较新颖的地板类型。与实木材料相比其更具环保性、隔音性，防潮效果也会更优秀，带给人极佳的体验感。软木材料可分为粘贴式软木地板和锁扣式软木地板。软木地板可以由不同树种的不同颜色，做成不同的图形。软木地板因其隔音、富有弹性及温暖的质地，多用于卧室、幼儿园、图书馆、亲子活动类空间（图6-47）。

地毯是可以快速完成地面铺装的一种材料。常用的铺装地毯分为块材和卷材。块材地毯有不同的尺寸规格，而卷材也根据品牌不同而尺寸各异（图6-48）。地毯材质分为纤维和皮革两大类。纤维地毯分为天然纤维和人造纤维两种。天然纤维即采用牛、马、羊等动物皮毛制成，并以羊毛地毯最为常见，天然动物纤维地毯含丰富的蛋白质，清洁维护难度大，且不适宜过敏体质人群；人造纤维地毯则属于化纤材质，由于技术的发展，化纤地毯亦能够呈现与羊毛毯接近的视觉效果，价格更低且相对于天然纤维地毯维护更加方便，更普遍地运用于办公、酒店、影院、音乐厅等空间。皮革地毯分为动物真皮与PVC合成革两大类，真皮通常由于耐磨度的需要采用猪皮、牛皮或更牢固的动物皮革，但仍然需要注意对皮革的保养，防止尖锐物体对皮革造成损坏；PVC合成革价格低廉、具有良好的耐磨度，广泛运用于厂房、教室、运动场馆等空间。

瓷砖，是以耐火的金属氧化物及半金属氧化物，经由研磨、压制之过程，而形成的一种耐酸碱的地面或墙面材料，其原材料多由黏土等混合而成。根据地面及墙面的承重性不同，瓷砖分为墙面砖及地面砖；根据自然条件及效果需求不同，分为户内砖及户外砖；根据光亮度的不同分为釉面砖、亚面砖；根据工艺的不同，分为通体砖与釉面砖，通体砖即整块烧结打磨抛光，俗称玻化砖、玻化石，而釉面砖则是在黏土砖外表面再进行釉面烧结。地砖的铺贴需要用水泥黄沙进行湿作业，铺贴过程同时注意地面的找平，最终完成铺贴地砖不能出现空腔的问题（图6-49）。墙砖铺贴与地面铺贴类似，但需要注意，如块面尺寸较大的墙砖水泥料需要掺入黏合剂以提供更强的附着力。

石材分为天然石与人造石材两大类，天然石即天然矿石开采，不同地域、岩层开采出来的石材颜色、纹理丰富绚丽，石材的价格与其稀有程度及成色品相优劣有直接关系，是天然的墙地面装饰材料（图6-50），但因为矿物质含有放射性微量元素，室内过多使用石材对人体健康有一定影响。因为辐射量的原因，石材也被分为户内与户外使用两大类型。粗犷的花岗岩辐射性强，且肌理及颜色均匀没有明显异变，因石材自重大，出于承重性考虑，室内作为地铺

图6-47 软木地板铺设的儿童活动空间

图6-48 地面铺设地毯的空间效果

图6-49 亚光面仿古地砖铺设的空间地面

图6-50 石材铺设的楼梯厅空间地面效果

图6-51 采用集成吊顶的公共空间

的石材比用于墙面的石材要略厚，但室外墙面石材则需要较高的耐受力，均是开片成较厚的花岗岩。室内外地面的石材铺贴方式与地砖铺贴接近，但室内外墙面石材的铺贴考虑到石材的重量则需要通过钢龙骨的干挂工艺来完成施作。

人造石一种是通过石头碎材加工而成，即将石头粉碎成均匀颗粒或者粉末，再添加黏合剂后压制成新的石材，这种人造石材不像天然石具有奇特不规则的花纹，而是呈现接近麻石的均匀的麻点状花纹以及接近于单色的表面，点状花纹的明显程度取决于石材粉碎精细度。这种人造石材中为了体现出独特及美观，还可以加入玻璃、金属等其他材质来变化其颜色及光感。另一种人造石材属于高分子聚合材料，如LG的蒙特丽及杜邦的可丽奈材料，因高分子化

学材料价格不菲，耐磨度弱于石材质地，则多用于厨房、水吧、窗台、浴室区域的台面材料。

三、顶面材料

简单的乳胶漆喷涂顶面处理即在原结构的基础上进行找平及涂料的施作，现代室内设计的诸多设施如排风设备、照明灯带及嵌入式灯具、空调以及系统相关的风管及线管等需布置在顶面。在厂房、展厅、工业风格的休闲商业场所，通常会采用直接暴露顶面的处理手法，可通过对五花八门的设备管道进行统一涂料施作来增加空间的和谐与美观度，是一种简单且有现代感的处理方式。通常来讲，住宅、医院或酒店类商业空间均采用吊顶的手法来隐藏天花的各种设备使整个空间看起来舒适、整洁、宜居。吊顶首先需要使用龙骨来搭建顶部造型结构，常见的龙骨有成品钢龙骨及木龙骨，成品钢龙骨一般结合集成吊顶系统，而木龙骨则可以根据图纸的造型设计做出多样化的结构造型。集成吊顶多使用于银行、办公室、教室等大型空间，住宅的卫生间、厨房也常用集成吊顶。集成吊顶具有安装方便快速、肌理种类多、大空间不易变形等优点。集成吊顶多为600mm×600mm的正方形顶板模块，材质有铝材、铝塑混合材、矿棉板等。铝板平整度高，轻盈防水，加工工艺精密，耐久性好，价格较高；铝塑材料一样具有轻盈、防水特性，但耐久度相对较低，价格较便宜；矿棉板一般指矿棉装饰，以粒状棉为主要原料加入其他添加物高压蒸挤切割制成，不含石棉，防火吸音性能好，表面可以做肌理及空洞的纹样处理，以增强吸音效果。集成吊顶所使用的灯具、风口等配件也是复合吊顶模数的模块。集成吊顶主要用于办公室、会议室等宁静场所（图6-51）。木龙骨即实木条，规格根据结构承重、空间间距、主次

图6-52　石膏板吊顶的室内餐厅空间

图6-54　主材料配置示意图

则亦需要封细木工板作为基层再安装装饰面材料。

　　平板吊顶的造型使房间顶部平整，给人以整齐、宽敞的感觉，但公寓居住空间一般结构最低层高在2.5m～2.7m，采用平板吊顶，降低了室内高度，给人压抑的感觉。故一般公寓居室空间不宜采用整体吊平顶处理，可在厨房、卫生间等局部小空间中考虑使用。平顶多见于陈设多样、风格难以统一的展示厅或现代风格的楼层高、面积大的空间（图6-53）。

　　基于材料的认识，则需要在概念方案中给出基本的主材料示意。通常的材料示意表达是结合示意图所形成的材料综合意向图，这样的排布亦为后期提供材料样板做准备（图6-54）。

图6-53　现代设计采用平吊顶的开敞厨房

龙骨排布的需要选择粗细尺寸。结构龙骨由木工现场直接施作，可做出高低层次，如折形、多边形、弯曲形等各式复杂的穹顶造型，通常运用在设计复杂的顶面施工（图6-52）。做完木结构造型再进行封板的工作，封板材料以纸面石膏板为主，如吊顶面涉及其他材质如金属、镜面、布面等，

附录1：XXX室内设计项目任务书

一、项目概况

1.项目名称

XXX室内设计元素

2.项目地点

XX市XX路XX号

3.设计面积

共计建筑面积为：XX平方米

4.设计用途

空间作为XXX之用途

二、设计要求

1.内容及范围

XX户型，含XX区域、不含XX区域（详见附件：建筑平面图框线标识）

2.设计定位及风格

功能要求：设有XX、XX等区域。

单平方米价格标准：硬装XX元／平方米；软装XX元／平方米。

风格及色彩：建议采用XX风格，融入XX元素，以XX色彩使得空间具有XX、XX的效果。设计方根据经验提出新颖创意之方案更佳。

机电配置：建议采用XX空调系统、XX光源照明，实现XX、XX区域网络覆盖。

三、进度要求

1.X年X月X日—X年X月X日　提交概念设计方案

2.X年X月X日—X年X月X日　提交深化设计方案

3.X年X月X日—X年X月X日　提交扩初图纸供施工方进行预算估价

4.X年X月X日—X年X月X日　提交全套施工图纸、材料样板及软装手册

四、设计成果

1.概念方案设计成果

概念方案电子 PPT 文件一份，A3 图册 X 份。

2.方案深化设计成果

方案设计电子 PPT 文件一份，A3 图册 X 份。含主空间效果表现图 X 张。

3.扩初设计成果

扩初图纸 CAD、PDF 电子文件各一份；纸质 A3 白图 X 份。

4.施工图成果

施工图纸 CAD、PDF 电子文件各一份；纸质 A3 蓝图 X 份；软装方案图册 PDF 电子文件一份，A3 图册 X 份；A2 尺寸材料样板一套。

五、附件

1.建筑平面图纸

2.建筑结构图纸

3.建筑立面图纸

附录2：XX公司关于XX项目设计服务建议书

一、公司简介

本设计单位成立至今已有 XX 年之久，拥有 XX 级 XX 资质。共有高级室内设计师 XX 人、项目经理 XX 人，公司共有 XX 名设计从业者。至今完成的项目有 XXX 等。

二、主持项目案例

（另附附件）

三、主成员简介

（另附附件）

四、项目团队安排

根据甲方项目的设计要求，我公司拟决定指派 XX 为项目经理，XX 为主案设计师，XX 为软装设计师，配套助理设计师 X 名。以下为团队主要成员简介：

1.项目经理XX

学历 XX　曾于 XX 公司任 XX 职位 XX 年　XX 年加入我公司
主持完成的项目有：XXX
联系方式：电话：XX　邮箱：XXX

2.主案设计师XX

3.软装设计师XX

五、项目时间进度安排

根据甲方项目任务书要求，我公司结合业务情况，具体细化进度安排如下：
（附各设计时间进度表）
注：甲方如未及时对我公司各阶段提出资料的内容予以确认，所延误时间之责任我公司概不承担。

六、项目设计报价

根据甲方所提供之设计范围，核准建筑面积总计 XX 平方米。按我公司对应空间类型报价：硬装 XX 元（RMB）/平方米、软装XX元（RMB）/平方米。设计费用为XX元（RMB）。根据国家税收规定，应缴纳总价的X%税费。完税总价为XX元（RMB）。（附我公司收费标准价目表予以参考）

七、提交完成内容

1.概念方案设计成果

概念方案电子 PPT 文件一份，A3 图册 X 份。

2.方案深化设计成果

方案设计电子 PPT 文件一份，A3 图册 X 份。含主空间效果表现图 X 张。

3.扩初设计成果

扩初图纸 CAD、PDF 电子文件各一份；纸质 A3 白图 X 份。

4.施工图成果

施工图纸 CAD、PDF 电子文件各一份；纸质 A3 蓝图 X 份；软装方案图册 PDF 电子文件一份，A3 图册 X 份；A2 尺寸材料样板一套。

八、附件

1.公司资质

2.项目案例

3.公司主成员简介

4.项目时间计划进度表

5.设计收费标准

附录3：×××项目室内设计合同

（编号：XXXX　日期：X年X月X日）

甲方：XXX公司（以下简称甲方）

乙方：XXX公司（以下简称乙方）

甲方委托乙方进行XXX项目室内设计的工作，经双方协商一致，签订本合同。

项目地址：XX市XX路XX号

一、总则

甲方委托乙方为本设计项目的设计师，乙方接受甲方的委托。

在委托期内，乙方根据本合同的约定向甲方提供项目设计服务，甲方根据本合同的约定向乙方支付相关费用。

二、设计服务内容

该项目为全程设计管控。

1.方案设计

工作范畴：包括XX户型的室内方案设计及XX等区域的方案设计。

2.工作内容

（1）概念方案设计成果

概念方案电子PPT文件一份，A3图册X份。

（2）方案深化设计成果

方案设计电子PPT文件一份，A3图册X份。含主空间效果表现图X张。

（3）扩初设计成果

扩初图纸CAD、PDF电子文件各一份；纸质A3白图X份。

（4）施工图成果

施工图纸CAD、PDF电子文件各一份；纸质A3蓝图X份；软装方案图册PDF电子文件一份，A3图册X份；A2尺寸材料样板一套。

三、服务费用

1.根据甲方所提供之设计范围，核准建筑面积总计XX平方米。按我公司对应空间类型报价：硬装XX元（RMB）／平方米、软装XX元（RMB）／平方米。设计费用为XX元（RMB）。根据国家税收规定，应缴纳总价的 X% 税费。完税总价为 XX 元（RMB）。

上述总额不含以下内容：

- 图纸报审盖章费用
- 重大设计变更
- 追加效果图
- 物理模型制作费
- 追加打印费

（1）项目启动：X%

甲方应在合同签订之后支付原始总设计费的 X%，合 RMBXXX 元（大写人民币 XXX 元整），给乙方作为项目启动费用，同时提供乙方设计所需的基地相关原始图纸资料及详细要求文件，包括且不止于所有功能所需大致面积、净高、流线要求等。甲方应确保所提供之资料的合法性和准确性。费用于本合同签订后__X__个工作日内支付，乙方在收到甲方全额启动款、所需图纸资料和详细要求后开始方案设计工作。

（2）方案设计完成：X%

乙方完成并提交方案设计阶段之内容后支付总费用的 X%，合 RMBXXX 元（大写人民币 XXX 元整）。

（3）施工图完成：X%

乙方完成并提交施工图阶段之内容后支付总费用的 X%，合 RMBXXX 元（大写人民币 XXX 元整）。

（4）项目竣工：X%

乙方完成项目施工跟进阶段之内容后支付总费用的 X%，合 RMBXXX 元（大写人民币 XXX 元整）。

2. 平面布置方案大修改（功能、数量、流线等基本设定）次数限于 X 次以内。如因甲方在设计阶段变更功能、设计范围等，造成非设计原因的方案推翻，算作一次方案重大修改。如乙方根据甲方意见提交大修改超过 X 次，甲方仍对现有设计提出重大修改要求，须按次追加设计费，每次新方案须追加本阶段原始设计费的 X%。本设计施工图是用于指导室内装饰施工之图纸，消防图纸等则须根据实际情况额外计算增加费用，本报价中不包括。

3. 项目包括前期勘测及软装布置在内的 X 次现场指导。若应甲方要求额外增加出差次数，其费用包括：设计人员派遣费为 X 元／天／人；现场指导期间所产生的全部交通及食宿费用，凭发票向甲方实报实销。

四、支付方式

如本工程中各项设计进度要求不同，则上述进度款可根据各项设计费按上述比例支付。乙方在完成每个阶段工作并得到甲方确认后提供设计费清款单，甲方审核无误并收到乙方提供之甲方付款等额发票后__X__个工作日内付清相关的费用。

1. 其他费用

乙方因甲方要求所产生的差旅费、打印费、模型制作费等，经甲方认可的，由乙方提供发票或收据给甲方，甲方确认无误后__X__个工作日内支付相应费用给乙方。

2.乙方账户信息

收款户名：XXX 公司
账号：XXX
开户行：XXX 银行 XXX 支行

五、甲方权利义务

1.甲方应按本合同规定的内容，在规定的时间内向乙方提交数据及文件，并对其完整性、正确性及时限负责。

2.甲方变更设计委托事项或因提交的数据错误，或对所提供数据做较大修改，造成乙方设计返工，除需双方协商签订补充协议或另订协议，重新明确有关条款外，甲方应按乙方所耗工作量向乙方支付相应费用。

3.在本合同履行期间，甲方要求提前解除合同必须书面通知乙方，乙方接到通知后，未开始工作的，退还甲方已付定金；已开始设计工作的，甲方根据乙方已完成的设计量向乙方支付费用。

4.甲方应按本合同规定的金额和时间向乙方支付设计费，若逾期支付超过15天，每延迟一日，甲方应向乙方支付本项目当阶段设计费的万分之二的逾期违约金，并且乙方有权暂不提交当期设计成果直至收到上阶段设计报酬为止。

5.甲方要求乙方比本合同规定时间提前交设计文件时，甲方应支付赶工费。

6.甲方有权检查乙方的工作及工作效果。

六、乙方权利义务

1.乙方应按本合同规定的内容，在规定的时间内向甲方提供全部设计文件，并对其完整性、正确性及时限负责。

2.如因乙方原因而出现设计文档错误或遗漏，乙方负责及时修改或补充，并负责向施工单位做设计交底，对此乙方不再收取任何费用。如因乙方设计缺陷使甲方蒙受金钱、时间或工程质量上的损失，除乙方应采取补救措施外，甲方有权免付缺陷部分的设计费。

3.本合同生效后，乙方要求提前解除合同时，乙方应返还已收取的设计费。

4.乙方不得向第三方扩散、转让甲方提交的技术、经济数据，如发生以上情况，甲方有权索赔。

5.当甲方提出修改局部的细节设计和根据现场实际情况须修改的，乙方应及时修改原图纸并出具新的修改图纸。

6.乙方负责提供本工程范围内的材料样板及供应商信息，负责全部装饰材料选样。

7.乙方由于自身原因，延误设计成果交付时间，每延误一日，乙方应向甲方支付本项目当阶段设计费的万分之二的违约金；延误达15天以上或不足15天但当时交付设计成果对于甲方已没有意义的，甲方有权要求乙方返还已支付的设计款，并有权单方解除本合同且要求乙方赔偿相应的损失。

8.各设计阶段文件的确认

（1）所有经甲方代表签署的文件或回复的邮件均视为已经获得甲方的授权及同意，签署文件原本及传真件或回复邮件均视为有效文件。乙方在完成每一阶段工作后，必须先获得甲方代表书面确认后方视为乙方该阶段的设计工作完成，再进行下一阶段工作。

（2）乙方交付设计文档后，甲方应尽快给予确认或提出修改意见，超过约定期限后不给予回复的，视为确认。

（3）设计方案经三次修改仍不能满足甲方要求，双方可以在甲方支付设计方案费及修改工本费的基础上协商解除设计合同，设计成果归甲方所有。

七、知识产权

本合同项下甲方委托乙方设计制作的一切文件、图纸和说明书，以及一切设计及工作成果（包括但不限于草稿、讨论稿、修改稿、定稿等全部工作）之所有权和著作权（版权）、专利权等之知识产权归甲方所有。甲方有权自主决定使用方式，无须为此向乙方支付任何费用，且无须取得乙方同意。乙方在不侵害甲方商标所有权前提下享有作品创作署名权。如乙方需使用本项目工作成果或利用其他方式进行对外宣传等活动，须事先取得甲方书面同意。

乙方须保证所设计的作品为原创设计，不得侵犯他人的知识产权，否则由乙方承担所有法律责任。

乙方承诺甲方不会因采用乙方的设计成果而在专利权、版权及其他知识产权方面受到来自任何第三方的请求、异议、仲裁、诉讼或索赔。

乙方应保护甲方的知识产权，乙方对其完成的本合同规定工作内容的设计成果不得用于第三方设计或其他项目设计，否则甲方有权提出索赔。

1.保密条款

未经甲方书面同意，乙方对甲方提供的资料、信息（包括但不限于商业秘密、技术资料、图纸、数据以及与业务有关的客户信息及其他信息等）负保密责任。若乙方原因导致资料泄密造成甲方的一切损失由乙方承担。

2.违约责任

合同签订后，即产生法律效力，任何一方不得随意中止合同，否则算作违约。

如甲方未能按本协议所约定的时间付款，而给甲方造成工作延误或影响，乙方不承担任何损失或责任。

乙方违反本合同约定的，甲方有权不予支付相应的工作费用以及由此产生的其他费用。乙方有严重违反本合同约定的，因此而产生的费用甲方不予承担，并且甲方有权解除本合同并要求乙方赔偿相应损失。

3.不可抗力

由于地震、台风、水灾、火灾、战争以及其他不能预见并且对其发生和后果不能防止或避免的不可抗力事故，致使直接影响本合同的履行或者不能按约定的条件履行时，遇有上述不可抗力事故的一方，应立即将事故情况书面通知另一方，并应在30天内提供事故详情及合同不能履行、或者部分不能履行、或者需要延期履行的理由的有效证明文件，此项证明文件应由事故发生地区的公证机构出具。

因不可抗力因素导致合同无法按时履行时，待不可抗力因素消失后双方继续履行合同，双方部分或全部免除责任。

因不可抗力因素造成合同无法继续履行时，经双方协商同意后，合同终止。

八、其他

任何由本协议产生的或者与本协议有关的争议应通过双方友好协商解决，协商不成功，任何一方有权向项目所在地人民法院提出诉讼。

本合同自双方签字或盖章后生效，除本合同约定外，任何一方不得单方面更改或解除本合同。本合同未尽事宜，双方另行协商并签署补充协议，补充协议与本合同具有同等法律效力。合同手写修改和传真件无效。

双方未尽事宜，可再签订补充协议，按中华人民共和国相关法律法规执行。

本合同部分条款的无效，并不影响其他合同条款的效力。

本合同一式两份，甲、乙双方各执一份，自双方签字盖章之日起生效。

甲方（委托方）盖章：　　　　　　　　　　　乙方（受托方）盖章：

授权代表：　　　　　　　　　　　　　　　　授权代表：

签署日期：　　年　月　日　　　　　　　　　签署日期：　　年　月　日

参考书目

1.张绮曼，郑曙旸.室内设计资料集[M].北京：中国建筑工业出版社，2011.

2.郑曙旸.室内设计思维与方法[M].北京：中国建筑工业出版社，2003.

3.李砚祖.环境艺术设计的新视界[M].北京：中国人民大学出版社，2002.

4.辛艺峰.建筑室内环境设计[M].北京：机械工业出版社，2007.

5.周长亮.室内装饰材料与构造[M].武汉：华中科技大学出版社，2013.

6.宫艺兵，赵俊学.室内装饰材料与施工工艺[M].哈尔滨：黑龙江人民出版社，2005.

7.高桥鹰志+EBS组.环境行为与空间设计[M].陶新中，译.北京：中国建筑工业出版社，2006.

8.李道增.环境行为学概论[M].北京：清华大学出版社，1999.